恋爱中的小哲学

[日] 岸见一郎 著
邓超 译

中国出版集团 现代出版社

序章

无论是谁都会对爱情感兴趣

在研究心理学和哲学的同时，我给护理专业的学生们教授过多年心理学课程。当他们将来走上工作岗位时，与患者、同事、上司之间的沟通交流就显得尤为重要。因此，在课堂上，我会有意识地针对人际交往这方面详细讲解。

我不希望只是枯燥地讲课本，我想先了解学生们所关心及疑惑的事情，再在此基础上进行授课。所以，每次上课前，我都会在讲台上放一个小罐子，让同学们在字条上写下自己的疑问，放进罐子里。上课时，我会选出大家最关心的几个问题当场进行解答。

同学们提出的问题五花八门。其中有关于专业方面的困惑："感觉自己不适合做护士工作，该怎么办？""实习期间有哪些注意事项？”等。也有大家普遍会遇到的人际交往问题，比如有关性格、朋友关系等；其中，每次都会出现关于恋爱问题的字条，比例占了半数以上。

恋爱也是人际交往的一种形式，与其他形式没有本质区别。我相信，在帮助同学们解决恋爱难题的同时，也能让大家从中学到未来与病患之间的相处方式。因此，我会尽量仔细地回答大家的问题。

每当此时，我总会联想到奥地利著名精神病医师及心理学家阿尔弗雷德·阿德勒的经历。

阿德勒晚年将工作重心转移到了美国。刚到美国时，他基本没什么工作，只好每天重复着四处演讲的生活。据他回忆，当时在讲座上遇到最多的，也是关于恋爱方面的咨询。虽然当时的阿德勒已经六十多岁了，但我推测他本人和照片上不苟言笑的形象稍有不同，一定是位会微笑着倾听的人。如果他真的是位令人敬而远之的大叔，应该也不会有那么多人向他吐露关于恋爱的烦恼吧。

同理，我猜测，一直给同学们答疑解惑的我，应该也不算是特别威严的类型。当然，也会有一些学生故意给我出难题，心想“这么刁钻的问题一定答不出来吧”，比如，有人会问：“要怎么做才能跟正在交往中的男友分手呢？”即使这样，我也相信所有被投进小罐子里的字条都包含真心，所以我会认真地给出我的答案。

进行心理辅导时，也有人会问我关于恋爱方面的问题。某天，我正聊到一些较为深入的恋爱方面的话题，我话音刚落，台下一位青年说道：“老师真是挺过了一场又一场惨烈的战斗呢！”

青年的一句话让我回过神来。他之所以误以为那些是我本人经历过的事情，可能是因为我描述得过于真实。

谈论恋爱这个话题，不能只讲大道理或抽象概念，如果不从具体案例来分析，就难以让人感同身受。所以在这本书中，我会尽可能让大家具体地去了解恋爱这件事。

从没有哪本书专门写幸福的恋爱与婚姻

在恋爱中受挫时，人们或是找好朋友聊聊，或是读读关于恋爱的书，或是看看电影和电视剧，从这些活动中，尝试寻找能解决目前困境的线索。学生们来找我咨询恋爱难题，也是出于同样的目的。

阿德勒说：“市面上有很多关于恋爱和婚姻的书籍，

但真正教我们为恋爱和婚姻做准备的书在哪儿呢？的确，无论什么类型的文学作品，都会描写到爱情故事，但我从未看到任何一本真正意义上的，关于幸福婚姻的书。”①

正如阿德勒所言，电影、电视剧或小说里描绘的大多都是痴男怨女的故事。那么，为什么这样的作品比比皆是呢？

为什么越是不幸的爱情故事越受追捧

对此，阿德勒是这样解释的：“不幸的爱情故事如此泛滥的原因，大概源于读者内心深处的渴求。”②

那么，这里的“渴求”究竟是怎么回事呢？

这世上，有许多人试图逃避恋爱和婚姻。

如果恋爱只有幸福甜蜜，不必经历失恋心碎的话，就找不到逃避的理由。

相反，如果爱情之路充满荆棘，自己的真情总是无法让对方感受到，就会有人下定决心不去谈恋爱了。因

① 《阿德勒心理学讲义》。

② 《神经症问题》。

为，假如不向对方表白心意，或是从一开始就没有喜欢上对方，就不必经历失恋心碎。

在现代社会中，很难做到无缘由地逃避恋爱，必须找个合理的理由。这个时候，就有人站出来冷嘲热讽地说："爱情不过就是这么回事吧。"[①] 他们冷言冷语，把喜欢上他人当作一件难以启齿的事。

他们也许曾经因为经历失恋而痛彻心扉，为了让自己不再悲伤心痛，决意不再陷入爱情。由于不愿意将恋爱失败的原因归结为自己的问题，所以不得不否定爱情本身，认为它毫无价值。

这样的人就像在《伊索寓言》里登场的那只狐狸——一只饥肠辘辘的狐狸来到果园的葡萄架下，它抬头看着一串串晶莹剔透的葡萄挂满枝头，馋得直流口水，但高高的葡萄架还是让它望而却步。最终，它望着眼前的葡萄自言自语地说道："这里的葡萄一定还没熟呢。"

阿德勒说："悲惨的爱情故事，也被人们以同样的目的利用着。"他指的是那些对恋爱和婚姻态度消极的人，为了正当化自己的行为，将不幸的爱情故事当作挡箭牌。

---

① 《神经症问题》。

为了逃避恋爱，他们必须从内心认定并宣称恋爱是一件困难重重的事。这些人最喜闻乐见的便是那些悲惨的爱情故事。毕竟，如果想要下决心不去爱人，那些幸福美满的爱情故事对他们来说没有任何用处。

灰姑娘式的恋爱

当然，也有很多书籍、电影和电视剧以圆满结局收尾，看过这些圆满结局后，人们会自然而然地想谈恋爱。但实际上，就算能遇到自己喜欢的人，并步入恋爱阶段，普通人的爱情故事也不会像书籍和影视剧里描绘的剧情那般轰轰烈烈。最终，虚拟世界与现实之间的差距也许会让人大失所望。

但如果是与现实生活毫不相干的“灰姑娘”的故事，就又另当别论了。毕竟，许多人都会憧憬这样的故事。“灰姑娘式的爱情故事”和“悲惨的爱情故事”一样，十分受欢迎。

由于这种理想的爱情故事与现实生活实在相距甚远，人们喜欢按故事里的标准来衡量在现实生活中遇到的人，甚至有人因此将恋爱对象从候补名单中剔除。因此，将那些“浪漫的、理想的或是求而不得的爱情”[1]展示给观众看就够了。

献给为情所苦的你

如上文中所说，恋爱属于人际关系的一种形式。回想起课堂上学生们一开始写的字条内容，很多人都把“喜欢”当作了“恋爱”。因此，我从一开始就告诉学生们，“喜欢”只是恋爱萌芽的出发点而已。

就算你特别喜欢对方，你们依旧会发生争执；就算没到争执的地步，你们之间也并没有做过真正意义上的沟通，不明白对方心中所想，甚至连自己的想法都无法向对方传达。那么，你们之间根本就不存在“爱”这回事。

恋爱，是向喜欢的人坦承自己的心意。但即使你知道对方有着和自己一样的心意，也并非万事大吉。

就算你们已经互相确认了心意，然后走到一起，也可能因为思维方式和对事物的感知方式不同而产生分歧，若是其中一方或双方将自己的关心转移到了第三者身上，

---

① 《超越自卑》。

那么你们恋爱初期的热情就会迅速消失殆尽。刚开始恋爱时，两个人只要待在一起就十分幸福。但慢慢地，如果两个人的关系发展得不如预期那样顺利的话，不满的情绪就会越积越多，最终，这场恋爱带来的就不是甜蜜，而是痛苦。

我想，在恋爱中顺风顺水的人，或者就算有过磕绊也能自信面对下一次恋爱的人，应该不会选择读这本书。因此，我将这本书的读者群定位为以下三个类型：一是在恋爱中尝过苦涩滋味的人；二是因为不想让恋情再次以失败告终而试图逃避恋爱的人；三是虽然有恋情或结婚伴侣但正为情所苦的人。

在人际交往中可获取幸福

为什么逃避恋爱会成为一种问题呢？的确，爱情总是令人受伤，总是无法朝着理想的方向发展。

不仅仅是恋爱关系，任何人际交往都是烦琐复杂难以处理的。只要和他人有接触，都会遇到被人讨厌、记恨，甚至受到伤害等情形。无论处在多么圆滑的人际关系当中，都难免会发生摩擦。

人际关系如此复杂，用阿德勒的话来形容就是：“人世间所有的烦恼归根结底都是人际关系的烦恼。”[①] 我想，正为人际关系而苦恼的人，一定特别理解这句话吧。

但反过来说，活着的喜悦、幸福感等也都只能从人际交往中获得。不管你曾有过怎样痛苦的经历，甚至已经痛下决心不再喜欢别人，可你会发现自己不知不觉中还是会倾心于人。这是因为，你在内心深处知道，自己通过恋爱的确获得了幸福。

也有人认为，人们无法通过意志来控制“喜欢”这种情绪，所以即使知道会受伤难过，也依然会情不自禁地喜欢上他人。关于这种看法，我会在本书中偏后的章节进行详细分析。在本章中，我论述的前提条件是“明知无法变得幸福，就不必再喜欢上人了”。

例如，如果你想和长期稳定交往中的对象结婚，那是因为你已经确信，和对方在一起自己一定能够得到幸福，即使数年后你可能会发现，当初的决定是个错误。当然，没有人会在明知未来婚姻会失败的情况下还选择和对方结婚。

---

① 《阿德勒心理学讲义》。

即使是深受爱情之苦、决意不再倾心于人的人，也不是从一开始就抗拒爱情的。

总之，就算有些爱情会走向令人难过的结局，但当一个人爱上另一个人、想携手步入婚姻的时候，没有人会不祈求自己拥有幸福美满的结局。既然如此，我们就必须思考，在这段关系里，到底是哪个环节出现了问题。

当然，也有很多人并非一味将过错怪在爱情本身，而是从自己或对方身上寻找问题所在。不过不久之后，他们就会发现自己的想法只对了一半。

因为问题并不在于你所爱的对象是谁，而在于你是如何爱对方的。也就是说，毛病并非出在对方身上，而是出在爱的方式上。不是只要有缘邂逅，就应该会顺利地进入恋爱阶段。对于三番五次在恋爱中受挫的人来说，他们清楚地知道，恋爱绝不会这么顺利。

幸福的爱情故事

依照阿德勒的说法，本书旨在讲述“幸福美满的爱情故事”。但首先我们还是得认清恋爱失败的症结所在，如果不清楚问题的根源，无论再重新谈几次恋爱，换多少个对象，都依然会陷入失败的泥潭里。

当然，即使知道恋爱中哪个环节出了差错，并将其解决，也不能保证接下来的恋爱就能顺风顺水。许多恋爱中的人并没有提前构想出最理想的恋爱关系。如果从一开始，脑海中就没有对于理想恋爱关系的定义，那么即使将现阶段中的恋爱问题解决了，之后还会源源不断地出现其他问题，这很不利于培养良好的恋爱关系。

换言之，如果脑海里有清晰的理想恋爱关系的构图，就算现阶段的状态跟理想的恋爱状态差距很大，两个人也能够朝着理想中的恋爱关系共同努力，这恰恰也是一段良好关系的有力证明。

在这本书中，首先会深入探究为什么你的恋爱没有为你带来幸福感，并从中寻找问题的根源；其次，将探讨关于结婚、生子之后夫妻二人将直面的困难；最后，在明确了“爱一个人”到底是怎么回事的基础上，大家将学到具体该如何去“爱人”。

如上文所说，爱的问题并不在于对象。也就是说，与其期待自己会和谁相遇、爱上谁，不如多思考怎样去爱别人。

恋爱并非只要存在对象就能够顺利进行的活动。有许多情侣邂逅了，却不能携手走下去，最终黯然分手。因为维持两人的恋爱关系需要后续的经营，这种为两个人的美好未来所做的努力，也可以称之为“为了喜悦的努力”。

当然，恋爱并不是年轻人的特权。就算是已经长期生活在一起的两个人，也不要只将过去的恋爱当作一期一会的逸闻趣事。如果各个年龄层的人都能通过阅读本书获得一些改善恋爱关系的小灵感，我将十分欣慰。

目录

第一章　为什么你的恋爱无法带来幸福

第三章　爱一个人究竟是怎么回事

第一章

为什么你的恋爱无法带来幸福

为什么你总在重蹈覆辙

遇见了心仪的人，却无法让对方明了自己的心意；鼓起勇气向对方告白，却收不到期盼已久的答复；好不容易开始交往，可随着时间的流逝，恋爱初期的幸福感慢慢消失殆尽，直至一想到对方就痛苦不堪。随着两人关系日复一日地逐渐恶化，最终的结局便是分手。

经历过如斯种种，人们开始厌倦恋爱，没有勇气再去爱别人。

有人大肆宣扬自己为了恋爱吃了多少苦头，也有人不断地对自己说“爱情就是这么回事啊”。

明明已经下定决心不再去爱了，可每次回过神来时却发现自己又喜欢上了别人。遗憾的是，新恋情也会日益变糟，最终又以分手收场。日复一日，人们总在重蹈覆辙。

为什么同样的事情会屡次三番地发生呢？既然遇上了喜欢的人，就应该能终成眷属，可为什么总是事与愿违？

唯有恋爱，并不特别

有时候，当你喜欢上一个人，眼前的风景都会变得与昨日大不相同。开始和喜欢的人交往后，即使前不久刚经历失恋，也会满心欢喜地赞叹活着真好。

渐渐地，你的脑海里会塞满关于对方的一切。不仅如此，工作和学习也仿佛变得索然无味，跟要好的老朋友之间的联系也不如从前频繁。以前假日里和朋友共度，恋爱后就只和喜欢的人约会。

因此，撇开亲密程度不谈，恋爱当中的人际关系与其他形式的人际关系相比并无特别之处。维持恋爱关系与维持职场中的人际关系及朋友之间的关系，基本遵循一个道理。

在恋爱关系中会出现的困难与其他人际关系中会出现的困难基本是一样的。比如，有正在交往的对象却没什么朋友（并不是说人一定要交朋友），一心想着喜欢的人而对工作的热情骤减，这些本来就是不应该的。

当然，并不是说任何关系都完全一样。从恋爱中的交往要保持距离和持续性这两点来说，就跟其他人际关系不同。为了思考恋爱中的人际关系，得先从工作和交友这两方面的人际交往来分析。

工作中的人际交往

不管你从事什么样的工作，都避不开人际交往。不用外出的日子里，我通常会待在家专心写作。这期间，我很少与人交流，几乎所有时间都面对着电脑。可为了保证图书顺利出版，我也得不时地跟编辑和出版社的其他人见面谈一谈。可见，没有哪份工作是一个人就能独立完成的。

工作中很难完全避免人际交往，有时候会觉得这种交际令人头疼。特别是假如你从事的是销售工作，那么人际关系几乎就等同于工作本身。

如果白天在职场里与人打交道时遇到了瓶颈，下班后可以暂时将这个小麻烦放到一边，给自己留些空间，等到第二天再去解决。虽然在很多情况下，下班以后依然感到心情压抑、烦闷，甚至影响个人生活。但从根本上来说，只要离开工作环境，就可以远离职场上那些繁杂的人际交往，大家需要做的是主动将其抛于脑后。"Private"这个英文单词的意思是"私人的，个人的"，源自拉丁语“Privare”，释义为“争夺”。如此说来，私人时间只有通过不停的争夺才能得到保证。

对学生来说，学习就是他们的本职工作。上学是为了学习知识，所以即使他们在学校不主动与人交流也无可厚非。这和补习班里找不到来交朋友的学生是一个道理。

但在学校里，同学间的关系其实非常亲密，他们要一起参与各种校内活动，所以与人交往在所难免。当学生们遇到烦恼时，也可以和解决职场人际关系一样，一旦回到家，就将那些烦恼暂时隔离。

朋友之间的相处

在与同事或同学相处的过程中，你可能会与其中的某个人相谈甚欢、越来越亲密，以至于在工作和学习以外的时间里还在交流。彼此之间的话题也越来越多，从工作、学习聊到私人事宜。这时，你们之间的关系就已经超越了工作或学习上的一般交往，成了朋友。

但有时很难严格地区分工作交往和朋友交往。虽然职场上的人际交往只是工作的一部分，同事之间并无达成亲密关系的必要，但也不用特意将交友和工作划清界限。

事实上，即使公司营造出了一种比起工作结果更注重团队集体感的环境，职员之间还是有可能会出现摩擦。这时就会有人反驳：人际交往同工作本身就是两码事。当然，他们的反驳基本是正确的。

然而，有时我们很难将职场中的人际关系和朋友关系完全区别开来。当你喜欢和某人一起工作，那么你们之间的关系比起普通同事来说可能更接近于朋友关系，甚至可以称之为友谊。

当你产生想和某个人一起工作的想法后，你们的关系就已超越了一般的同事关系。如果说你和他在当下已经建立了友谊，那么你们就是拥有共同目标的朋友了。在日常相处之中，比起互相观察对方，两个人（一般工作场合中人数会多于两个人）会一起着眼于既定的目标。

并不是所有的朋友关系中都存在着共同的目标。很多人认为在恋爱关系中，只要两人能够携手共度就已足够，并不需要共同目标。但如果一对恋人需要为未来做决定，而双方目标不一致，关系便会出现裂缝。这一点将在后面的章节中进行详细阐述。

恋人之间的交往

作为本书主题的“婚恋中的人际交往”，基本上就是以上述朋友关系作为基础的。如上文所说，婚恋过程中出现的问题与其他人际交往中的基本一致。因此，对于很难交到朋友的人来说，恋爱和婚姻中的人际交往也一样困难。

虽说与同事和朋友之间的相处方式类似，但婚恋关系明显比前两种关系更为亲密，维持时间也更为长久，因此，两个人相处起来会更加困难。

如果问题出在工作中，只要暂离职场，人际关系就可以被重置。如果是朋友，无论关系多么亲密，也未必每次见面时都会提前约好下一次的见面。

而大多数人认为恋爱关系的不同之处正在于恋人之间需要时刻保持形影不离。就算暂时分开，也应该时刻保持联系。

“交往的过程中必须与对方形影不离”的想法绝非不可理喻（这一点在后文中将会探讨），但人际关系的确不是临时而短暂的，而是持续且深入的。因此，在恋爱过程中，不管是关系的确立，还是关系恶化后的修复，都是困难的。

相反，有些人由于害怕出现僵局，而不愿让两个人的关系更进一步；也有人为了随时能全身而退，拒绝用真心对待感情。当然，这些人最终也未必能如愿。

恋爱是两个人的课题

为什么恋爱比其他人际关系更为复杂？

阿德勒曾告诉我们答案：因为恋爱是两个人的课题。

在接受教育的过程中，我们学到了如何独立完成课题，或几个人共同解决课题，却没被教导过如何在两个人的情况下完成课题。

人们认为，悉心教导孩子，让他们在学校或家庭中养成良好的行为处事习惯，是家长和教师应尽的责任。可又有许多人认为，恋爱属于个人私事，没有教与学的必要。

通常情况下，像这样把恋爱当成个人私事、认为无须教导的人，会将恋爱比作“会滚落的石头”。他们认为，恋爱就是一颗会从坡道上自然滚落的石头，不用从别人那里学习什么。

但假如恋爱果真如同石头滚落那般自然，那么将恋爱交给感情决定，整个过程中应该不会出现令人烦闷苦涩的状况才对。

可现实恰恰相反——很多人的心意没有被对方接受，很多人在交往后无法维持融洽的恋爱关系，这些都让他们为情所苦。

如果爱情是自然发生的，它也不过是关系萌芽的契机，而维持一段恋爱关系所需的，远远不仅仅是感情。所以，恋爱并非自由落体那般自然而然。

不要拿恋爱当借口

恋爱并不比其他人际关系更重要。若把恋爱当成人生的全部，就跟工作狂一心扑在事业上、无暇顾及家庭一样。

工作狂们在任何情况下都把工作看得重于一切，他们将“工作忙”作为无法专心于其他人生课题的借口。比如，家庭生活不如意，是因为工作忙碌。殊不知，有些夫妻即使因为工作繁忙甚至分隔两地，也能将婚姻生活经营得有滋有味。

哲学家和辻哲郎曾留下一些自己在留学期间与妻子小照之间的往来书信。他到欧洲留学时，是二十世纪早期，身处即时通信的现代社会，人们也许难以想象，当时虽然能以书信联系，但只能通过船运，和辻的信寄到妻子手里需要历经一个多月的时间。即便如此，和辻还是坚持每天给妻子寄一封信，而妻子每天收到的，都是过去的信件。即使双方深知距离遥远，却能感受到如同即时交谈般的喜悦。

分隔两地后，大多数恋人会因为距离遥远导致联系变少，关系变淡。但和辻的这段逸事告诉我们，有时包围着两个人的困境不一定就是阻碍关系升温的绊脚石。

话说回来，如果工作忙到连回家的时间都没有，很可能是这个人在恋爱关系变质时所制造的借口。

同理，如果将恋爱看得重于一切，以致对其他事情有所疏忽，那么这个人就是在利用恋爱，将其作为其他方面进展不如意的借口。有人认为，恋爱的真谛就在于时时刻刻挂念着心上人，茶不思饭不想。但无论多么沉浸在爱情的甜蜜喜悦中，日常生活也得照常继续，工作也必须完成。

英文里有一个词叫“Better Half”，意思是“最佳配偶”。这个词源于柏拉图的著作《会饮篇》中喜剧作家阿里斯托芬的以下言论：

人类曾经的个体形态与如今不同，是将两名现代人背靠背紧贴在一起的样子。也就是说，从前每个人都有四条腿，前后两副面孔，同时长着四只眼睛和两张嘴巴。这样的人力大无穷，曾不服从于诸神。后来，宙斯为了惩罚他们，便将其从中间劈成两半。

阿里斯托芬说，一个人渴望找到被分割的另一半、渴望恢复完整的行为就是“爱”。

后来，找到最佳配偶的两个人，找回了曾经的一体性，背贴着背不愿分开，日日不食不寝也不工作，就这样直至死去。

这时，宙斯将人类原本长在背后的生殖器移到身体正面，让他们在正面相拥时才能直接接触。而在那之前，人类繁衍后代的行为不是发生在人与人之间，而是发生在土地之上。自此之后，他们只有在紧紧相拥时才能生出孩子。这给了他们相互结合的满足感。经过宙斯的干涉，人们终于不再时时拥抱，开始投入工作。

如果和被宙斯干涉前的人类一样，把所有精力都用在恋爱上而疏远了朋友们的话，等清醒之时你会发现，自己的身边再无他人陪伴。

反正不会被爱

我教过的学生当中，有正在恋爱的孩子，也有许多单身的孩子，这些孩子常找我询问如何找到喜欢的人、如何告白之类的问题。虽然，他们看似羡慕那些正在谈恋爱的同学，可实际上，他们对“喜欢”和“交往”的态度是犹豫甚至望而生畏的。

当然，我的学生们年龄都在十八岁左右，很少有人没有喜欢过人或对恋爱一窍不通的。但情感经验丰富的学生并不多，所以当他们构想未来的工作和婚姻生活时，就如同步入一个未知的世界一般心存不安和恐惧。

这样的人通常对恋爱心存犹豫。他们也有可能某天突然发现，自己在不经意间将某个人放在了心上，想要忘记却不自觉地想起，陷入了爱河，仿佛走着走着，突然掉入了陷阱。

接下来，事情就没有这么简单了。对于从一开始就认为对方不会接受自己的人来说，他们会十分纠结该不该表白。他们自以为预料到了结局，因此每每在行动前心里已经打起退堂鼓。

他们犹豫是因为不敢接受被拒绝的自己，害怕因此受伤。阿德勒说："当人们认识到自己拥有价值的时候，才会鼓起勇气。"[①]

这种勇气指的是参与人际关系的勇气。担心会在与人打交道的过程中受到伤害的人，往往不会主动参与人际交往。

在现实中，被喜欢的人拒绝这种令人遗憾的事时有发生。因此，人们为了接受自己不敢传递心意的行为，往往会贬低自己，认为自己都不喜欢自己，怎么能指望他人来喜欢自己。用阿德勒的话来说，不能因为自己缺乏价值而不参与人际交往，更不能认为不参与人际交往的自己更有价值。

但是，如上文所说，人们只有在人际交往中才能体会到生命的欣喜和满足，因此，我希望大家都能拥有主动和人打交道的勇气。

就算向对方阐明心意，收到的答复也不一定就是拒绝。况且，就算将这份心意憋在心里，也不一定就能避

---

① 出自阿德勒的演说。

免被拒绝。唯一能够确定的是，如果保持沉默，就什么都不会发生。

想要让退缩的人鼓起勇气，就必须让他们认识到自己的价值，打心底里喜欢自己。那么，究竟要怎么做呢？

不谈无把握的恋爱

有些人曾经在感情里受过伤，他们更倾向于只谈胜券在握的恋爱。这些人也会为爱犹豫，但他们和前面那些无法鼓起勇气而犹豫之人完全是两码事。

现在的人们普遍认为应当让孩子在竞争的环境中长大。比如，从小在家庭中与其他兄弟姐妹相互竞争，并将获胜作为目标，父母非但不会训斥这样的竞争行为，反而会鼓励他们在良性竞争的环境中获胜。因此，当这些孩子们慢慢长大、步入学校生活之后，会不自觉地将这种竞争意识带到与同学们的日常相处之中，甚至进入社会后，也依旧带着这种竞争意识。

在这样的教育方式下长大的人，害怕输给竞争对手。他们渴望胜利，在恋爱和婚姻方面，他们也想做胜利的那一方。

但不管参加什么比赛，都不可能一直稳操胜券，他们可能会体验失败的恋爱，也可能会经历不够顺利的婚姻。一旦告白时被喜欢的人拒绝，他们就感觉输给了那些在恋爱中顺风顺水、最终拥有美满家庭的人。

自己的兄弟婚姻美满，有时也会让人打起退堂鼓。当看到他们比自己更早一步获得幸福，会认为自己要是没有获得同样的幸福，就等于打了一场败仗。

当然，没有人会为了与人竞争而恋爱结婚，可在时刻带着竞争意识的人们心中，恋爱和婚姻是他们人生中必须拿下的胜仗，因此他们不会冒着失败的风险去谈一场没把握的恋爱。

不可能从一开始就百分之百完美

有人希望这世上没有失败的恐惧。

有一次，一个年轻的女性朋友打电话给我，说自己去找占卜师预测和恋人的未来，结果占卜师说他们无法顺利结婚，她因此紧张得连饭都吃不下。其实，我这个朋友一直坚信恋爱必须从百分之百完美的状态开始，人们必须在确认过对方心意之后才能开始恋爱。我曾告诉她，在不知道对方心意时才更能尝到恋爱的滋味，但完全无济于事。

我认为，爱情并不是一成不变的，更可能时远时近，时刻都在发生着变化。而我的朋友认为，如果两个人的感情不是稳定不变的，就无法预知两个人的关系会何去何从，她的内心也将忐忑不安。

我问她，为什么会请占卜师预测他们结婚的可能性。

“是因为你和他最近发展得不顺利吗？”

“没有这回事，我和他之间关系一直挺好的。”她说。

“那有什么占卜的必要吗？”

“因为我想结婚了……”

“所以你就去找占卜师预测，结果被告知你们结不了婚？”

“是的。”她回答。

如果这段对话不是和朋友的日常聊天，而是出现在心理咨询室里，我一定会继续打听这个咨询者日后的打算。当然不出意外的话，咨询者应该会回答自己仍然想和恋人携手步入婚姻生活。朋友说她和恋人之间相处融洽，但如果真像她说的那样，恋情依旧维持在完美状态的话，她一定能确信自己将和对方顺利步入婚姻，不会特意去找占卜师预测。

她会做出这样的举动，一定是当下的自己或对方内心产生了波澜，甚至有可能双方的感情都发生了动摇。这时候，她的心情就像想提前知道长篇小说的结局那样。在读一本小说时，有些人需要提前知道结局才更能安心地读到最后。如果知晓了结局是无法结婚，那么这段关系就算继续下去也没有意义。然而，对我来说，读推理小说时如果提前知道了犯人是谁，那么读这本书的乐趣就瞬间被残忍地剥夺了。我认为人生就是因为无法预知结局才有趣。

我跟朋友说，占卜结果不如意其实是件好事。虽然她当即反驳了我的观点，但接下来我告诉她："如果占卜师预测你和恋人将来能够顺利结婚，你们就不会再为了让彼此关系更加稳固而努力。当被指出你们未来无法顺利走到一起时，两个人反而才会更加努力，不是吗？"

犹豫不决的理由遍地都是

一个人对恋爱和婚姻踌躇不决的理由简直多如牛毛。

有些人将理由归咎于父母不够美满的婚姻生活。当然，这只是他们搪塞婚事的借口，并不是真的因为不想经历父母那样不幸的婚姻而拒绝结婚。

为了逃避恋爱婚姻而被当作理由的，不仅仅有父母不够美满的婚姻生活，还包括生病、神经质，从前经历过的灾害、事故，年幼时期曾遭受过父母的虐待……

当然，这些经历多多少少会对当事人的心理产生一定的影响，但并非有过这些不快经历的人都会在与人交往的过程中失足而重复同样的人生。婚恋过程不顺利，是因为没有把握好现阶段的人际交往，过去的经历并不能成为感情失败的原因。

如果将现阶段感情不顺的原因全都归结到过去不愉快的经历上，那么，要想改善这段感情也就只能回到过去，然后想办法阻止事情的发生。但只要一天没有发明出时光机器，这个问题就一天无法解决。

会谈到过去，是因为这些人认为导致感情失败的原因不在自己，自己不需要负任何责任。而如果责任不在自己身上，即使恋爱和婚姻都不遂人意，他们也不会觉得自己输给了别人。

倘若真心想改善同恋人的关系，首先得丢弃从过去找原因的想法。

当真没有邂逅吗

有些人并没有将恋爱不顺归因于过去，而是觉得现在的生活不如意。没有邂逅，就是指这个。

很多人说，虽然向往爱情，但遇不到合适的对象。他们说自己谈不了恋爱，是因为工作环境中都是清一色的女性或男性，很难与异性邂逅。这么说来，职场中好像确实很难找到恋爱对象，但在上班或上学途中，还是有机会接触他人的。

对于热爱旅游的人来说，在火车、巴士、飞机上，甚至在目的地都有可能与人邂逅。

现在是一个很方便的时代，即使相距很远，也可以用电话短信等取得实时的联系。暂且不论这种沟通上的便利究竟对于培养感情来说是否有益，但如果有人说完全没有邂逅，也是很难令人信服的。

认为没机会与命中注定的对象相遇的人，其实很可能已经经历过足以改变他们人生的邂逅，只是本人未曾察觉。或者说，他们并不想察觉到此事。我也碰到过对婚姻满怀憧憬的人，却声称自己没有遇上命中注定的邂逅，实际上是因为他们自己将相遇之人从婚恋对象中排除了出去。

为什么明明有邂逅却声称自己没有呢？理由之一，是他们不想受伤。想要获得人人称羡的婚姻、以此和周围朋友攀比竞争的人，为了赢得比赛，会把现实中遇到的人从结婚对象的候补名单中排除出去。

在我教过的护理学校和大学护理专业的学生中，女生占了大多数，近年来，随着男生报考比例逐年增加，班里男生也不在少数。当我在回答班里女生提出的“没有邂逅该怎么办”的问题时，会提起班里的男生，不料这些女孩子竟当场喝起倒彩。

正如最开始所阐述的那样，憧憬灰姑娘式恋爱故事的姑娘，会不知不觉将现实中遇到的异性从婚恋候选对象中剔除。她们并不是真的将“年收入上千万日元”这样的硬性条件放到了择偶范围中，但她们会为了拒绝频繁找上门的男孩，制造出各式各样的门槛。

有些人嘴上说着没有遇到合适的人，内心也并不介意朋友比自己更早恋爱结婚。比起直面恋爱关系随时可能会破裂的现实，她们更愿意把希望寄托到一场完美的邂逅当中。

认为恋爱明明顺其自然、自己却迟迟等不到一个对的人，如果懂得恋爱不是相遇了就能顺风顺水的事，就会开始寻找其他理由去逃避恋爱。

无论是认为问题出在过往经历的人，还是觉得没有遇到有缘分的人，他们的共性是认为自己不存在任何问题。

他们总是活在空想的世界里，要是有缘的话……要是遇到的时候对方没有男/女朋友的话……

爱是一种能力

那么，有了好的邂逅，恋爱就能够顺利进行吗？即使是抱着肯定观点的人，在陷入恋爱后也会立刻发现，“邂逅”不过是一段关系开始的出发点罢了。

德国的心理学家艾瑞克·弗洛姆曾经说过：“爱的问题是能力上的问题，而不是爱的对象存在问题……实际上，人们普遍认为，爱一个人并不困难，但能否找到值得去爱的人是个难题。”①

很多人认为，爱一个人非常简单，但找一个值得被爱的人很难。可弗洛姆认为，重要的不是去寻找一个什

① 《爱的艺术》。

么样的对象，而是人们首先要拥有“爱人的能力”。

有的人不管谈多少次恋爱都会无果而终，还有的人反复地结婚、离婚。这些人之所以在恋爱中受挫，并不是因为缺少所爱之人，而是他们爱人的方式以及能力还有待提升。

一些人认为，爱是自然而然地出现、让人“坠入”的，关键就在于自己没有遇上那个值得自己坠入爱河的人。因此，他们可能会对弗洛姆的见解感到吃惊。而弗洛姆，之后还做了如下阐述。

爱情是一门艺术

弗洛姆说：“爱情是一门艺术吗？倘若如此，那么爱情就需要知识，需要努力；或者，爱情是一种愉悦感，能否体验这种愉悦感主要在于机遇，如果运气好就真的能够深陷其中？”

弗洛姆认为，爱既是一门艺术，又是一种能力。如果爱是一门艺术，就需要知识和努力的支撑。这就意味着，爱情不是让人陷落的东西，而是一个慢慢被建立起来的过程。

即使有幸爱上了一个人，却不懂爱的艺术，那么这份爱就是无力的。另一方面，缺少了爱的艺术，本身也是危险的。

哲学家三木清曾经提出，带有“策略性”的技巧并不能够成就一段爱情。[①]为了吸引对方的全部注意力而百般算计的人，往往在对方将注意力转移到其他人身上时，会产生嫉妒、愤怒甚至憎恶等情绪。实际上，这样带有“策略性”的爱意从本质上来说已经偏离了爱本身。

即使你疯狂地爱着你的伴侣，如果没有掌握正确的爱人方式，你们可能会不停争吵、互相埋怨，这段感情就只剩下痛苦，两个人自然无法获得幸福。

阿德勒也指出：“爱情并不像许多心理学家说的那般纯粹自然。”[②]况且，爱也远超过教导人们该如何满足自然欲望等。阿德勒将这种自然欲望称为“性冲动”。

如果只是为了满足冲动，那么爱情是件容易的事。出于现代社会的需要，人类早已学会怎样压制冲动。关于这个问题我们稍后再做讨论。

---

① 《人生论笔记》。
② 《关于超越自卑》。

在此，虽说被称为“爱的艺术”，并不是指那些抖机灵的小技巧。我听说，许多年轻人没有恋爱指南的引导就不明白如何谈恋爱。当然，这里谈到的“爱情的艺术”指的并不是这种恋爱指南上描述的小技巧。人们在谈恋爱的时候，就算模仿恋爱指南上的步骤去做，通常也不会那么顺利，因为不是所有人都能吸引你，你只喜欢那个人。因此，就算你读了恋爱指南，背下了书中的一般技巧和各种案例，这些答案也可能并不适用于你。

学习一样东西的外在和形式固然重要，但如果没从最根本去理解这个事物的由来，当发生了指南上没有说明的情况时，你就会全然不知所措。

鼓起勇气，改变生活方式

在弗洛姆的观点中，爱情并不是自然的产物，而是一门艺术。而阿德勒试着从“生活方式”的角度来理解爱情。

如果一个人换了恋人后依旧重蹈覆辙，那么爱情失败的原因就不在于恋爱的对象，而是自己的“生活方式”出了问题。

“生活方式”是一种关于自己、他人和世界的信仰体系。当你遇到问题的时候，你是在想“我有足够的能力去解决它”，还是抱着“我能力不足，肯定无法解决”的想法呢？通常，你是把自己以外的人定义为“一有机会就试图害自己陷入困境的人”，还是“当自己需要帮助时会应声而来的人”呢？阿德勒将这种思维的惯性和对世界的看法统称“生活方式”。

这种“生活方式”往往被称作人的“性格”，二者的确并无二致。但如果使用“性格”一词，容易被误认为它是一种难以改变的特性，为了展示这个词语其他的引申意思，在后文中我将继续延续“生活方式”这个说法。

这里所说的“生活方式”，并非天生的，而是后天选择的。即使是同一对父母所生，并几乎在完全相同的环境中长大的兄弟姐妹，性格也会有所差异。要解释这种现象，只能说是孩子们选择了不同的生活方式。

由于生活方式是自主选择的，所以只要有心，就随时可以改变。可为什么大家不这么做呢？那是因为，一旦换一种生活方式，从下一秒开始，未来就将变得难以预测。

举个例子，假设现在有个非常了解你的男生正朝你走来，你们之间并不陌生，而且你一直暗恋他，甚至还想如果有机会单独相处就向他表白，如果这次没有成功地搭上话，之后可能就没有机会再见面了。这么想着，他每走近一步，你便紧张一分。

然而，当你们终于要擦肩的刹那，他却移开了目光。如果你缺乏自信，会认为对方之所以移开目光，对自己避而不见，一定是因为讨厌自己。

人们会这样思考，是存在一定缘由的。人们虽然期盼将自己的心意传达给对方，并期待着能顺利交往下去，却会不自觉地认为对方根本不可能接受自己，还会觉得即使有幸开始交往，也没有足够的信心能建立稳固的关系，因此，故意解读为对方拒绝了自己。

缺乏对长久交往的信心，因此将一些细微的动作解读为拒绝，如此一来，就不可能再跟那个人有任何进展。虽然这样很痛苦，但总比交往后关系不顺导致为情所伤要好得多。如果做出这样的解读并就此放弃的话，就不可能再跟那个人有任何进展。

然而，被对方讨厌或是拒绝，都不过是你的解读。在这个例子中发生的状况，也可作另一番解释。

“他这么做，一定是对我抱有好感，不好意思与我目光交汇。”

如果这么想的话，那么接下来该考虑的，就是下次该如何接近那个人。

生活方式不是不能改变，真相是人们不想改变。当你改变了生活方式，会发生新的事情，对此你可以用全新的角度去看待它，同时也意味着，你已经步入了一个未知的世界。人们就是因为害怕这样的改变，因此不想改变，决定保持现状。

然而，如果当前的生活方式让你的爱情变得不幸，你就必须鼓起勇气去尝试新的生活方式。

要想改变生活方式，首先必须打破坚定旧生活方式的决心。

但光是这样还是不够的。想要改变，你必须在脑海中清楚地描绘出一幅蓝图，思考要改变成什么样。

现在，让我们一起进一步了解一下恋情不顺跟生活方式究竟有何关联。

从早期记忆出发，勾勒一个人的生活方式

有时，过去的经历会对一个人的生活方式产生巨大的影响——但并不是只要经历了什么事就一定会变得如

何——因此，在心理咨询的时候，咨询师为了了解你现在的生活方式，可能会调动你的早期记忆。

“早期记忆”指的是一个人从出生到现在的第一份记忆。实际上，我们也并不清楚哪段才是最早的记忆，只要是能突然忆起的，什么都可以，最好是某一天突然发生过的偶然事件。

以阿德勒曾引用过的一位三十岁男性的早期回忆为例，该男子的人生中，凡事直到最后关头，他都在逃避着人生的各项课题。[①] 人生的各项课题，指的是前文中提到的工作、交友、恋爱中所接触到的人际交往。

这位男性渴望与人相爱并构筑美好家庭，但他因为强烈的自卑感，不敢主动接近任何异性。他所说的自卑感，是每当他与人交谈时都会因为羞怯而脸红。我想，如果他能克服这种羞怯感，应该也可以与人正常打交道。但是，每当他张口说话时，双颊通红，很难给人留下好印象。因此他越来越抵制与人交流，久而久之，连外出活动也越来越少，即使偶尔外出，去到人群聚集的地方，也只能拘谨地待着。

---

① 《阿德勒心理学讲义》。

事实上，他并不是因为自己强烈的自卑感而无法参与婚恋活动。相反，他是以自己的“自卑”为借口，去逃避恋爱和结婚这些事。

现实生活中，也有很多女性都会打着害羞、脸红或紧张的旗号，控诉自己的恋爱进行得不够顺利，可这些并不是她们恋爱失败的理由。初次见面时，如果女方表现得毫不怯场，且有条不紊地表达出自己的想法，这反而会让男人敬而远之。相反，男人会对那些害羞、脸红、紧张到连话都说不清楚的女人心生好感。

由于害羞、脸红、紧张导致恋爱失败，这样的理由简直是破绽百出，只是人们在为自己的逃避找借口。

事实是，恋爱不顺与这些毫无关系，而可能是因为你的生活方式上出了问题。即使不断练习去克服害羞和脸红等问题，可如果生活方式没有发生改变，恋爱依旧不会顺利地进行下去。

当阿德勒向那位男性询问他早期的记忆时，男人回想起了一段幼年的经历：“有一天，我母亲把我和弟弟带到了一个市场……”

仅凭开头的这句话，我们基本就可以预测到故事的发展。当一个人的早期记忆中出现父母的时候，我们很容易判断出他是在父母的呵护中长大的孩子，这样的人分享出的记忆，一般来说不是快乐就是难过的。

因为他回想起的片段是关于母亲、弟弟和他之间三个人的故事，从中我们可以想象到他为了得到母爱同弟弟竞争的画面，预测出他要叙述的是一个原本属于自己的母爱被弟弟抢走的令人难过的故事。

“那天，天空突然下起了雨。”他说道。

孩子的世界里总会发生一些状况，那些状况通常是突然间发生的。

“刚开始，母亲是把我抱了起来的……”

其实，他的母亲可能是感觉到快要下雨了，为了不让孩子淋湿，便顺势将哥哥抱进怀里。

“可这个时候，妈妈突然看了弟弟一眼，接着她便将我放了下来，转身抱起了弟弟。”

这段回忆对于这位男性来说是一场深刻的“悲剧”。或许，他在日常生活中也经常被要求“你是哥哥，应该多多忍耐”。

在此，我用到了“悲剧”这个词。阿德勒在此前评价该男子的生活方式时，也曾猜测他经历过一些“悲剧”。对于该男子来说，年幼的他被母亲抛下，亲眼看着自己的弟弟被母亲拥入怀中，这个画面是一场“悲剧”。阿德勒解释道，这场“悲剧”让男子失去了“正常关心他人”的能力，甚至让他产生了凡事逃避的心态。

后文中将深入阐述“正常关心他人”的含义，这是思考为什么恋爱和婚姻中会不断重复同样失败的关键所在。

需要注意的是，我们当下看到的这场“悲剧”绝非多么特殊的情况，而是兄弟间常见的矛盾。即使是有过同样经历的人，也未必会变得同这位男性一样。

回到关于这名男性的早期记忆上，阿德勒说：“可以根据这段回忆描绘他这个人的生活方式。”这位男性选择了主张“自己没有他人更受喜爱”的生活方式。在那个雨天里，母亲明明最开始是将他抱在怀里的，可当她注意到身旁的弟弟时，就把自己放下，转身抱起了弟弟。他害怕同样的悲剧再次发生在自己身上。

对于那些即使被深爱着却依旧担心爱情会消失不见的人来说，当他们感觉到对方的关心变淡时，会怀疑对方将注意力转移到了其他人身上。因此，他们会四处捕捉任何能证实这项变化的证据，之后，当感情陷入困境时，他们便将那些证据瞬间翻出。

这时，这些生性多疑的人会远离那些让自己陷入不安境地的人，并且决定完全孤立自己，拒绝他人的关心，无视所有社交活动，选择孤独地生活下去。但即使他这样打算，在现实生活中，一个人也是无法独立生存下去的。

谈论到为什么男子会回忆起雨天里的故事，是因为直到现在他依旧经历着和那个雨天相似的遭遇，只是故事的对象不同罢了。也就是说，他现在依旧习惯疑神疑鬼，就算身边出现了对自己有好感的人，他也还会担心这个人总有一天将离他远去。不是因为孩提时期雨天里的那个故事导致现在的他害怕自己不被爱，而是因为现阶段的他生性多疑，所以才会经常回想起孩提时期的那段经历。

假如这位男子没有现在这般多疑，他应该早就忘记了那段回忆。

在艰苦爱情中奔波的人

有些人在选择恋爱对象的时候，会选择一些难以结婚的人。比如，一些人会恋上已婚人士，或与自己年龄相差较大的人——虽说不管是和谁、谈什么样的恋爱，都不该被评头论足——对此，阿德勒做出了如下解释。

“倘若一个人和已婚男性走到一起，从本质上来说，这份感情本身不该狭隘地遭到批判。因为谁也无法确定这份爱情最终能否走向好的结局。”[①]

即使爱上已婚人士，也不意味着这段感情就一定会带来不幸。但很多人会特意选择这样“交往困难的对象”，对于他们来说，需要静下心来仔细考虑后果。话说回来，为什么他们会选择困难的对象呢？

那是因为，如果选择和已婚人士交往，当这段感情进展不顺的时候，就可以将原因归结到对方身上。

阿德勒曾写过一位女性的故事，该女子“将竞争作为性格特征，将拥有优越感作为人生目标”。[②]

该女子认为姐姐的结婚伤害了自己的自尊心，于是她也计划将自己嫁出去。可仅仅是结婚的话，并不能算作在姐妹竞争中胜出，结婚之后，她一定要比姐姐过得更加幸福才行，若是婚后生活不够顺利，在她的心中，

① 《神经症问题》。
② 出处同上。

相当于输给了姐姐。于是，她同一位已婚男性坠入了爱河。由于恋人是这样的对象，那么即使后来恋情遇到波折，她也能将问题归结到交往对象的身上，这么一来，自己便不能算是在同姐姐的竞争中落败了。

有些人在感情上无法做到专一，他们会同时与两个对象交往。对于这种人，阿德勒解释道，虽然他们看似同时爱上两个人，但实际上他们没有对任何一方付出感情。在这种情况下，恋爱失败的原因应归结于他们脚踏两条船。

脚踏两条船的人总会犹豫该选择哪一方的恋人。但事实是，犹豫就是他们的目的。因为只要自己还处在犹豫不决的状态下，他们就不用真正下决定选择某一方。

可以说，在以上两种情况下，人们都选择了可以让自己不用对恋爱失败负责的人。

不遂自己心愿的他者

如上文所示，人们可以将恋爱失败的原因悉数归结到恋人身上。而恋人作为独立于自己之外的他者，即使没有背负那些让恋爱艰难重重的条件，也不会凡事都如自己所愿。

向喜欢的人告白以后，如果能立刻收到对方的肯定答复当然是再好不过。可没有人能够保证，对方会像自己喜欢他那般喜欢自己。

即使开始交往之后，也很难将恋人限制在自己的掌控范围以内。交往开始后，人会不自觉地推测恋人包括思维方式在内的所有行为活动。可是随着交往的深入，你或许会注意到，对方拥有和自己完全不同的思维方式。如果能意识到这一点，恋人之间的关系或许能得到改善。遗憾的是，依旧有很多人都意识不到，无论是在思维方式还是感受事物的方式上，对方都与自己存在很大差异。

即使是常年共同生活的夫妻之间，也可能会出现这样的问题。如果能够清楚地了解两个人在思维和感受事物的方式上的差异，人们就可以依照着对方的思维方式去调节自己的行为。但如果连差异都无法察觉的话，那些为了促进互相理解而做的努力，都是在白费力气。隔在二人之间的鸿沟会越来越深。

他者无法被控制。不仅如此，如果一个人打心底里认为恋人之间无法真正相互了解，那么他会选择避开那些在恋爱中不顺着自己心意的人也不足为怪了。

想支配对方的人

虽然人们做不到真正地支配他人，但还是有许多人希望对方能够依照自己的意愿行动。

恋人们在刚开始交往的时候，彼此之间尚且有所顾忌，就算对对方有什么不满也不会直接发生争执，但随着交往的深入，这些顾忌会逐渐消失。

当对方的言行令你不满时，比起保持沉默，不如直接向他抒发自己的情绪，当然，要注意的是表达情绪方式。接下来这种感情用事的方式就是不可取的。

当恋人不顺着自己的意愿行动时，有些人会突然朝对方发火，想要让对方听取自己的意见。阿德勒说，“愤怒是一种让人与人疏离的情感”。[①] 愤怒会导致两个人的距离越来越远，甚至到后来，人们认为对方不会主动了解自己的真实想法，即使倾听了想法，也不会真心诚意地去执行。

哭泣和愤怒是为了达成同一种目的被创造出来的情绪。阿德勒说：“眼泪是一种能够成功让人动摇的武器。

① 《性格心理学》。

这就是‘水’的力量！”[①]

与其说是“水的力量”，不如直接称之为“眼泪的力量”。在关键时刻里听到人哭，可能很多人都会不知所措。

喜欢哭的人，大多是从小养成的习惯。很多时候，只要哭一场事情就能如他所愿，所以长大以后依旧会采取同样的手段。

阿德勒在《超越自卑》一书中指出，“爱哭的小朋友在长大后可能会染上抑郁症”。这句话虽然听上去有些夸张，但阿德勒非常清楚，“眼泪和牢骚是极具杀伤力的武器，可以破坏合作，可以让他人臣服于自己”。

日语中有一句谚语：“人们无法战胜哭泣的小孩和地主。”想必说这句话的人，十分清楚有一些人善于用愤怒和眼泪控制他人。哭泣意在指责对方让自己伤心至极，仿佛在说：“你看我已经哭得这么伤心了，就不要再指责我了。”

在阿德勒的观点里，神经质是胆小鬼的武器，越懦弱的人越爱将神经质作为自己的武器，以此达到支配他人的目的。[②]

---

① 《难以被教导的孩子们》。
② 《神经症问题》。

当有人诉说着自己内心的不安时，周围人很难对他置之不理。因此，神经质的人能够轻易地将大家的注意力都集中到自己身上。有洁癖的人，多会将此当作自己性冷淡的理由，他们会借由洁癖避免同伴侣发生亲密关系，由此让自己在这段关系中处于更高的位置。

还有人为了能支配恋人，一开始就会选择比自己弱的人作为伴侣。这样的人在选择恋爱对象的时候，不会考虑比自己学历高或头脑聪明的人。

从这个意义上来说，即使是那些看起来关系融洽的情侣，其中一方也可能会为了在关系中获取主导地位而不停地对另一方开展说教。而正是因为他们总爱批评指责对方，才会导致感情最终陷入僵局。

因为他们不够自信，不确定自己是否足够优秀，所以才决定要在姿态上比恋人摆得更高。

人们为什么变得充满攻击性

还有些人想更加直接地支配恋人。对不依照自己预期行动的人，他们会变得充满攻击性。不过，这些人也不是从一开始就有攻击性的。

和喜欢哭的人一样，变得具有攻击性的人，也是希望吸引他人视线，成为大家关注的焦点。他们渴望得到称赞，往往很难忍受自己所做的努力不被察觉。

请设想自己为喜欢的人做便当的场景。一大早你便拎着便当到他那里去，“我看你每次都忙得没时间好好吃午饭，今天特地早起为你做了便当”。

可不巧的是，当天他忙碌到没有休息的时间，当你傍晚去收便当盒的时候，发现饭菜根本没有被动过。这时，一般人的脑海里通常会出现两种想法——一种是想到对方当天忙碌的状态，另一种则是为自己辛勤做的便当而感到惋惜。

如果你的想法是后者的话，你将会变得充满攻击性。

对方不回复消息

吸引对方注意的方法，不只有为他做便当。频繁地打电话、发信息，也是将对方的注意力集中到自己身上的方法之一。

人们收到来自恋人的联络当然会感到欣喜，但工作繁忙时，他们可能会因为这些电话和信息而感到厌烦。

懂得拒绝的人，可以直接告诉对方，自己现在没空接电话，有什么事可以稍后再谈。可对于难以拒绝别人的人来说，每次的通话都将成为一个大麻烦，于是他们会选择对打来的电话置之不理，甚至拖延回复信息。

当然，人们有时候确实会忙到没时间接电话、回信息。

曾经，有一位女性每天都忙着照顾生病的父母。每天晚上，都有许多事情必须赶在父母睡觉前做完。可她的男友总会在这个时间段打电话来，即使她告诉对方自己没有时间聊天，男友依旧没有挂断的意思。有一天，男友甚至质问她：“我们真的在交往吗？”

站在男友的立场来看，他认为女方的这些家庭因素与二人之间的恋爱无关，况且自己也有各种的理由，只能在这个时间段给女友打电话。但像这样在交往中不会为对方家庭考虑的人，在将来计划结婚的过程中，家庭问题将成为两人之间的巨大阻碍。

有些人会对恋人没有把时间分给自己或是不回信息等行为感到不满，最后决定分手；也有些人会因为难以接受自己受到的待遇，变得充满攻击性。

曾经，有一位男性由于太过忙碌，无法与女朋友增进联络。某天，他在家中收到了一则留言电话，电话里传来女友的声音：“我知道你在家。”

当愤怒的情绪产生时，两个人之间就已经没有了爱。就算这时两个人察觉到，彼此已经失去了交往当初的浓情蜜意，但如果一方继续主动，他们依旧会产生感情恢复如初的错觉。

女方往往察觉不到男方对感情产生的倦意，当然，男方也有一套自己的说辞。他们可能会抱怨说：“我最近特别忙，一回到家就想休息。可你却频繁给我发信息、打电话，我根本没有精力一一回应。”就这样，他们试图将自己的行为全部正当化。至此，二人之间的权力斗争已经开始。就算暂时没到感情用事的地步，但当某方开始主张自己的看法更为正确时，这场围绕着权力的斗争就已经打响。

要想解决此阶段的纷争，办法只有一种——详细说明将在后文中提到。

举个例子，男友好不容易从繁忙的日程中抽出一天时间来与女友见面。可对方却显得并不开心，她的状态看起来很奇怪。男友在询问原因后得到了这样的答复：“你一直那么忙，我们都见不到面。所以上周六，我和你的朋友A见了一面，跟他发生了关系。”

男友听到这个回答后，比起生气，更多的是对女友的行为百思不得其解。最终，这种烦闷的情绪会缠绕着他。而事实上，女方就是想要用这种方式对他进行报复。

爱情无法勉强

爱情无法勉强。如果一个人相信爱可以强迫得来，那么在他的心里，最重要的是“被爱”。

然而，这是非常错误的。即使渴望被爱，也不能通过强迫的方式得到爱情。一个人有权爱上别人，但对方能否接受要由对方决定，自己对此没有决定权。

生活中有两件事不可强迫他人，即“尊敬”与“爱”。即使你将“请尊重我”“请爱我”挂在嘴边，对方也未必能打心底里尊重你、爱你。就算不说口，在内心认为可以强迫别人尊重自己、爱自己的人，也往往是得不到尊重与爱的。

认为可以利用强制手段来控制他人情感的人，对不接受自己心意的人是充满攻击性的。也许尚未达到跟踪狂的地步，但也会频繁地通过电话骚扰等方式纠缠对方。

然而，这些行为只会让对方的心离自己越来越远。如果能静下心来稍作思考，就能预测到结局，可一心沉浸在爱恋中的人，很难清醒地审视自己的所作所为。

做出以上行为的人就算知道对方讨厌自己，也不愿意承认。因为承认这个事实会伤害他们的自尊心。他们已经放弃让对方喜欢自己，变得充满攻击性和报复性。他们之所以会变成这样，是因为他们希望将错误归结到对方身上。

以上各种行为，都是因为渴望爱与认同，虽然表达方式有些扭曲。当然，渴望被爱与认同是否理所应当，又另当别论。

嫉妒是恶魔的属性

那些试图通过强制的方式去爱的人，或者试图支配对方的人，其实是没有自信的人。没有自信的人会产生“嫉妒”的情绪。

哲学家三木清曾说过，嫉妒是“与恶魔相配的属性”。他还说：“任何感情如果表现为天真烂漫，通常会具有某种美感。但在嫉妒中是不存在天真烂漫的。”[①]

三木清有言，爱可能是纯粹的，但与之相对，嫉妒始终是阴险的。这句话的引人深思之处在于，爱不一定是纯粹的。

三木肯定其他感情的美妙之处，唯独否定了嫉妒。

爱和嫉妒的共通之处在于，它们比任何其他情思都更“精于算计”和“旷日持久”。爱，如果掺杂了持久的算计，那就远称不上纯粹。不长久的情感虽然很折磨人，然而旷日持久的爱和嫉妒同样令人吃尽苦头。

三木还指出，“强大的想象力”也是爱与嫉妒的共同特征。不过，这种想象力并非用于想象对方对自己的爱，而是用于想象对方是不是不爱自己了，并通过想象找到印证这一点的证据。三木说，嫉妒之所以能推动强大的想象，是因为嫉妒是“基于某种爱”产生的。如果没有爱，嫉妒之情根本不会涌现。但我认为爱和嫉妒根本是两码事。只有嫉妒的人才会这样想象；投入爱情的人并不会产生嫉妒的情绪。

有些人认为，被人嫉妒是被爱的证明，所以他们希

① 《人生论笔记》。

望自己被嫉妒。他们甚至说，不被嫉妒就代表没人在乎自己。但其实这些人都在嫉妒对方，自己并不想被嫉妒。他们之所以这么说，只是为了将自己的嫉妒之情正当化。

三木说，嫉妒者总是“外出不顾家”或“成天在忙”。这是因为他们总在不停地寻找证据去嫉妒他人，很难真正平静下来。然而，监视对方不仅毫无益处，还会让关系陷入困境。一直被监视着的话，没有人会感到高兴。

如果缺乏自信，即使被爱着，也会一直担心对方是不是不爱自己了，或是担心有一天会出现竞争对手。这是自卑的体现，是害怕无法将对方留在身边时所产生的情感。

然而，无论多么想留住对方，对方都不是自己的所有之物。阿德勒曾说过，把别人当成自己的所有之物时，就会产生嫉妒之情。[①] 即使能把对方像物品一样留在自己身边，也无法留住对方的感情。

阿德勒对嫉妒有着这样的论述：“嫉妒有多种多样的形式。它可能会表现为对他人的不信任感，可能会一直暗埋心中，也可能会带来无止境的恐惧，随时怀疑自己

---

① 出自阿德勒的演说。

被人轻视了。”[1]

不信任对方的人会一直监视着对方。他们害怕被人轻视，也就是说没有自信。嫉妒针对的不是你爱的人，而是爱你所爱之人的人，或者是你所爱之人（可能）喜欢的人，也就是所谓“情敌”。当那个人比自己漂亮、比自己年轻时，嫉妒之情就会喷涌而出。爱情本不是能一决胜负的问题，足够自信的人就不会产生嫉妒的情绪。

当人们认为对方比自己优秀，而自己也想变得像他一样时，就会产生嫉妒之情。然而，如果对方比自己优秀许多，有着压倒性的优势，自己无论如何也敌不过的话，嫉妒之情就不会产生。

就像给花浇水一样

除了没有自信以外，试图支配对方的人和嫉妒者还有一个共通之处——他们只在乎自己。

曾经，一名年轻的男子和美女未婚妻在舞会上跳舞。跳舞的时候，男子的眼镜不小心掉落。为了捡起掉落的

---

① 《性格心理学》。

眼镜，他差点把未婚妻撞倒。朋友见状，吃惊地问："怎么啦？"他回答道："我不想让她弄碎我的眼镜。"

可见，这个男子明显只在乎自己。在讲这个故事的时候，阿德勒说，他非常清楚，这个年轻人还没有做好结婚的准备。①

阿德勒还说："如果没有合理的理由，在约会中迟到的恋人是不值得信任的。"

阿德勒指出，约会迟到的行为反映出了一种"犹豫的态度"。比如，"见面时他会怎么看待我呢？""他会喜欢我的衣服和妆容吗？""约会时会不会被他讨厌呢？"等。在阿德勒看来，人们为了这些事情犹豫不决，因此导致约会迟到。但我不这么认为，约会迟到并非因为犹豫。

在我看来，之所以会约会迟到，是因为他根本不在乎约会迟到这件事。因此，这样的人只关心自己，根本不在乎对方。如果真的考虑到对方的话，绝对不会在"没有合理的理由"的情况下迟到。

弗洛姆曾说："如果有一位女性表示她很爱花，可我们却发现她忘记给花浇水，那么人们就不会相信她对花

---

① 《阿德勒心理学讲义》。

的‘爱’。爱是对所爱之物的生命及成长的积极关心。如果缺乏这种积极的关心，那么这种感情就称不上爱。”①

同样，只顾自己而对恋人漠不关心的人，无论说多少次“我爱我的恋人”，也无法让人相信吧。

你的问题出在哪里

至此，我们探讨了各种恋情进展不顺的事例。原本幻想着与某人浪漫邂逅并坠入爱河的读者，可能已经对恋爱的严峻和困难感到头晕目眩了。不被喜欢的人喜欢，以及交往后对良好关系的构建，都不是件容易的事。

有的人可能因为害怕面对这样的现实，就放弃了恋爱，或一旦出了问题就把责任推给对方。但这其实是自己生活方式的问题，无论对方是谁，浪漫的邂逅并不代表恋爱能一帆风顺。另外，还有一个原因就是他只在乎自己。如果不彻底考虑清楚要和什么样的人恋爱，不构想出理想的恋爱关系的话，即使换一个对象，也不过是把过去的问题重复一遍罢了。

① 《爱的艺术》。

第二章

关于结婚生子方面的难处

婚姻或许是不幸的开端

并不是所有恋爱关系都能走到结婚。即使如此，交往时完全不考虑结婚的人也很少。

那么，结婚、生子究竟会对两性关系产生怎样的影响呢?

刚上高中的某天，班主任老师突然对我们说，所有恋爱都是以结婚为目的的。他的话让我非常吃惊。虽然已经记不清老师是因为什么才说了那些话，但在那之后的很长一段时间里，我一直在思考这句话的意思。

诚然，恋爱的结局不一定是结婚。在大多数的小说、电影和电视剧的结局里，两个相爱的人终将步入婚姻。但结婚并非结局，而是两人之间全新关系的开始。或者说，婚姻不仅不是美满结局，反而可能是不幸的开端。正如迈入婚姻前的道路一样，婚后夫妻关系的经营也同样重要而艰难。

结婚以后不一定会幸福，这是过来人的切身感受。如果不努力经营，两个人的关系会很快走向结束。

阿德勒曾说："将爱情和婚姻视为理想状态或者故事的幸福结局，本就是一种错误。两个人结合在一起时，将开启这段关系中的种种可能。"

结婚时，两个人的关系只是一种"可能性"。新婚后的夫妻关系，犹如大理石或青铜——想好在上面雕刻什么之后，如果迟迟不动手，作品就完成不了。婚姻是否幸福，关键在于两人婚后的努力。

有人说，仔细观察走在街上的情侣们，就能知道他们是否已婚。这是因为，已婚的人看起来大多是不幸福的。有的丈夫看起来傲慢又自大；有的妻子则会把购物袋都推给丈夫，自己大摇大摆地走着。

如果对方在婚后性情大变，你可能会觉得自己被陷阱套牢了，因此十分吃惊或立马反抗。事实上，这只是因为你在婚前没有注意到其中的征兆而已。

恋爱中，两个人被绑在一起，却犹如蝴蝶结一般，随时都有可能分开。

结婚后，两个人下定决心要长久厮守，携手共度一生。所以即使关系走向困境，也不能像恋爱时那样轻易分手。

结婚不仅仅是一场仪式，而是真实的生活。出门旅行时，可以衣来伸手、饭来张口，还无须洗碗。但婚后的两人如果不好好合作，就吃不上饭，而且，饭后还得收拾餐具。这就是仪式与生活的不同。

一旦结束仪式、开始生活，两个人展现出的就不单单是好的一面了。同样，彼此看到的也不再只有对方的优点。双方的父母、亲戚也一定会开始来往。

婚姻的未来不可预测

有的人会因为想到这些，所以纠结到底要不要结婚。如果结了婚就一定会幸福，也就不会有人犹豫不决了吧。然而，事实却并非如此。

因此，在预测不到婚姻未来的情况下，很多人都很恐惧结婚。阿德勒曾对婚姻进行过这样的论述："我们无法像计算落石的路径一样，预知婚姻的未来。因为石头存在于真理的世界里，而我们生活在充满人为错误的世界里。"①

我们能够计算石头落下的路径，却无法预知婚后两

① 《神经症问题》。

个人的生活会变成什么样。因为落石必然遵循着一定的物理规律，但拥有自由意志的人类却可以选择自己的行动，有时他们也会做出错误的选择。

因此，随着时间的流逝，以及周围状况的不断变化，双方的心境也会随之发生改变，两个人的关系不可能和刚交往或刚结婚的时候完全相同。这里并不是指关系一定会恶化，相反，两个人的关系也很有可能越来越好。

既然两个人的关系是变化着的，那么二人婚后的未来就是难以预测的。

因其不可预测性，婚姻才拥有价值

俗话说“婚姻使人幸福”，但这只不过是一种信念而已。

假如未来的事已成定局，或者人们能够预知到今后将发生的所有事情，那会如何呢？想必生活一定会变得极其无趣，因为它无法给人们带来任何惊喜，人们也会不再对任何事情抱有期待了吧。

人际关系方面也是如此。最近刚认识的人就不必说了，即使是认识了很久的老朋友，有时也会突然觉得对方变得陌生起来，或者发现对方突然做了令自己意想不到的事。但也正因如此，与人相处才是一件有趣的事。

阿德勒曾说过，如果一切都是可以预知的，那么“我们身边的世界就只是一个被不断重复的故事”。[①]

正是因为存在着未知，我们才会努力去探求真知。正是因为无法预知的事情在不断发生，我们才能因这些意外之事，体验到惊慌失措或活着的喜悦。

相爱的两个人渴望走向结婚的美好结局，但婚后的生活却是不可预知的。不过，也正因为如此，两个人为爱努力，才能体验到爱的喜悦。

未来无法预测，因此活着才是有价值的。清晰地知道今后会发生什么的人，即使关系走入困境，他们也会视若无睹。因为不关注，自然也不会努力去改善关系。注意不到双方关系发生了改变，这对两性关系来说是个致命的问题。

阿德勒很喜欢这样一个故事——

几个孩子围着临终的父亲，其中一个儿子走向前去，问父亲有没有关于未来的忠告。父亲说：“这世界上唯一

---

① 《超越自卑》。

可以确定的事情就是，没有任何事情是可以确定的，一切都处于变化之中。”[①]

为什么无法下定决心结婚?

有的人迟迟无法下定决心和交往许久的人结婚。当我们问及其纠结结婚的理由时，就会发现，两个人的相处方式确实存在一些问题。

最常见的理由就是不自信。如果只是偶尔见面，就可以做到只展示自身的优点。但如果长时间待在一起，就很难做到。所以人们才会因为结婚而再三纠结。

另一个理由则是，有些人在婚后可能会喜欢上别人。大部分情况下，可能会移情别恋的人认为，自己喜欢上别人不可避免且无可厚非，但如果伴侣喜欢上别人，那就不可原谅了。

还有一个常常被提及的理由是，人们在婚后会变得不自由。刚开始交往时，也许很多人都会产生这样的感受。但对于有这样想法的人来说，他们的婚恋观念本

---

① Hoper et al.eds., *Adler for Beginners*.

身就存在问题。一起生活就会失去自由，这是不言而喻的事。

如果被婚约对象告知可能无法生育，有的人可能会因此纠结要不要结婚。但即使没有孩子，两个人的婚姻也并不会因此而失去意义。

实际上，许多结了婚的夫妇因为没有孩子而深陷痛苦。然而，令他们痛苦的真正原因并不是生不出孩子，而是自己的执着。

另外一些人，因为婚后必须生孩子而犹豫要不要结婚。有人担心生孩子会导致身材变形，或者考虑到育儿的辛苦，而纠结要不要结婚。这样的人认为婚姻只对女性不利。

的确，从现状来看，很多女性在养育孩子的过程中，无法得到男方的协助，所以有人认为婚姻只对女性不利。如果是这样，就必须寻求男性的协助。男性不能代替女性去生育，但这不应该成为让女性独自承担育儿责任的理由。与我当年去幼儿园接送孩子的时候相比，如今男性的育儿参与度已经提高了很多。

无论男女，都有可能因育儿问题而对结婚持再三犹豫的态度。在这样的人看来，孩子剥夺了本该属于自己的时间。甚至有人认为，新生的孩子取代了自己在家庭中的核心地位，原本集中在自己身上的注意力全都转移到了孩子身上，这是无法接受的。

上文中列举的，都是人们为了不结婚而寻找理由，以证明自己不结婚的决定是正确的。

当父母反对结婚的时候

也有人会因为父母的反对而无法下定决心结婚。比如，没有找到固定工作就结婚等，很容易遭到父母的反对。

父母可以反对孩子的婚姻，却无法对孩子的人生负责。所有责任都应该由孩子自己承担，父母不该介入其中。

对孩子来说，他们则应当将父母的担心视作对自己的关心，所以除了对父母说一句“谢谢你们这么为我着想”，也要明确真正背负婚姻责任的一方是谁。

自己的人生路应该自己走，绝不能事后去责怪父母，说当初为什么没有反对。就算和父母推荐的对象结了婚，最后婚姻不幸福，其最终责任也应当由自己来承担，不应该因此而责怪父母。

除了上文提到的原因，父母反对孩子结婚的理由还有很多。有时，父母反对孩子结婚的原因也可能是因为父母不够自立，害怕孩子离开自己。然而，这样的问题只能由父母自己去解决，孩子们对此毫无办法。即使父母因为反对孩子结婚而生气，这种情绪也只能由他们自己去疏解。

假如一对夫妇结婚时遭到了父母的反对，但婚后两个人过得非常幸福，这也视为一种孝顺的表现。所以，子女们更应该努力去改善和伴侣的关系。

精于算计的人会将恋人当作牺牲品

至此，我们考察了许多人们为结婚犹豫不决的理由。但事实上，人们并不是因为存在这些理由所以不能结婚，而是为了不结婚，提出了这些理由。

为了不结婚而提出理由的人，会因为难以预测婚后的未来生活而感到恐惧。因此，当这样的人下定决心结婚时，他们一定会选择跟那些容易猜测出性格特征以及能够预想到婚后生活的对象结婚。也就是说，与其说他们在选择对象本身，不如说是在根据对方的年收入、社会地位等条件来判断对方能否称得上一个“安全”的对象。父母是何方人物，有无兄弟姐妹等，也被包含在这些条件当中。

如果对方是认真对待工作并在社会上有一定地位的人，即使无法完全预测婚后生活，至少两个人面对的困难会少很多。在这种情况下，没有钱、没有固定职业的人就会被排除在名单以外。人们普遍认为，和这样的人一起，不是难以预料之后会发生什么，就是预料到了很难过上幸福的日子。我认为，会如此考虑的人，他们口中所说的“幸福”，其实指的并不是“幸福”，而是“成功”。

另外，也有人认为，如果和一个有名望的对象结婚，自己的价值也会随之提高。阿德勒说，这样的人实际上是在“通过牺牲他人来夸大自己的价值”。[①]

或许对方没有意识到自己因为某些因素被当作牺牲品，但当他们知道自己并非通过人格魅力，而是由于财产和社会地位才被恋人选择的话，一定高兴不起来吧。

---

① 出自阿德勒的演说。

事实上，也有一些认为自己的真实面貌不会被爱的人，会利用自己的财产和地位去获取爱情与婚姻。

不管怎样，无论以什么形式，只要有人利用爱情与婚姻来达到自己的欲望，就是在牺牲对方。

像上述这样，以牺牲对方而换来的关系，不能被称作对等的关系。如果两个人都理解到什么叫对等关系，这样的事就绝不会发生。那么，对等的关系究竟是什么样的关系呢？我们将后面的章节再进行讨论。

生活方式上的问题

许多人把经济稳定、拥有社会地位看作结婚的重要条件，但这些与“生活方式”上的问题相比，就显得有些微不足道。

例如，父母总会这样反驳孩子的要求：“你想干什么都可以，但得等自己赚钱以后再说。”于是，孩子在入社会之前，只好乖乖听从父母的话。要是被父母斥责道“你以为是托谁的福才吃得饱饭呢”，孩子便只能哑口无言。

同理，如果在婚姻中，有一方以经济优势为由对另一方的日常生活施加限制，那么这段婚姻生活应该无法顺利走下去。只有经济上的优势并不意味着家庭生活就能因此而事事妥当，但很多人却将这误解成自己在养着对方。

了解了两个人的生活方式，可以在一定程度上预测出他们今后的人生轨迹。如果他们始终保持现有的生活方式，未来就有可能会朝着某个方向进行下去。若是能够重新审视当下的生活方式，并进行调整，那么，两人的关系也必然会发生变化。

因此，比起生活方式来说，经济、社会地位方面等问题不会成为阻挡结婚的重大难题。

伴侣不是你的衣食父母

除此之外，还有一些生活方式会成为婚姻生活的绊脚石。譬如，交往或婚姻中的两个人中，一方属于被娇生惯养长大的类型，可能在交往的初期并不会产生很大的问题，但久而久之，这可能会成为一项难题。特别是如果双方都被娇生惯养大的，那结局就很悲惨了。

关于被娇惯坏的孩子们的婚姻生活，阿德勒如此解释道：“这就像两个不愿给予却又期待收获的人站到了彼此的面前。因而，他们认为彼此没有得到对方的理解。”[①]

这里所谓“给予”，具体是怎么一回事呢？

被娇生惯养的人习惯了来自他人的溺爱，因此他们期待对方能够“给予”自己溺爱。如果没有被给予的话，他们会认为对方并不理解自己。然而，真正的“给予”并不等同于“溺爱”。

被娇惯坏了的孩子，总想得到一切想要的东西。孩提时期，人们只要哭泣，便能轻松得到自己想要的东西。孩子们只要不断抗议，坚持“得不到想要的就是不合理的”，最终就能如愿。

不久之后，这个什么都能轻易得到的“黄金时代”便会结束。但此时，还有一部分人没有意识到“黄金时代”的逝去。他们认为，人生必将如自己所期待的那样发展。他们还认为，如果得不到自己想要的东西，人生就失去了意义。

当然，在这个世界上确实存在人们无法独立完成的事情。如果遇到自己无能为力的事，应该向他人寻求帮助。如果认为任何事情都应该以一己之力独立完成，必

---

① 《阿德勒心理学讲义》。

要的时候也不去寻求找他人的帮助，这反而会给周围的人带来困扰。

然而，理直气壮地接受他人援助的想法也存在问题。基本上，如果去拜托他人，大家都出手相助，但这只是对方出于好意，并非他有义务。在成长的过程中，不懂得这关键一点的人，会认为别人应该理所当然地按照自己的期待来行动。如果出现了不按照自己的期待行动的人，便会对其产生攻击性心理。

也许在家里，父母可以允许孩子采取那些攻击性的态度，但婚姻中的伴侣并不是你的父母。如果因为伴侣不像父母那样对自己百依百顺，就认为不能和这个人一起生活，这种想法是十分荒谬的。

在恋爱中，人们也许会精心呵护爱情，增进两个人的关系。但一旦步入婚姻，就会产生将长久厮守在一起的安全感，伴侣们便不会再为了讨对方欢心而用心送礼物。

当然，婚后应当通过别的方法来为两人的关系保鲜。但是，被娇生惯养的人很难接受对方的变化，他们会因此认为对方不理解自己。

阿德勒经常谈论有关“溺爱”与“被溺爱”的问题。

他说："在我们的文明发展进程中，无论是在家庭还是社会，人们都不希望无限持续溺爱的过程……在人类文明中，如果一个人没有做出任何贡献，却立于众人关注的焦点上，这是不恰当的。"[①]

但在如今这个时代里，与阿德勒生活的时代不同，被娇生惯养的人很多。未做贡献却要立于众人关注的焦点是不恰当的，也就是说，被娇生惯养的生活本身就是不恰当的。如果大家深知这一常识，我想今天的问题大多都能得到避免。

职责分配不固定

阿德勒举了一个在父亲的溺爱下长大的家中幼女的事例。[②]这个女孩以为父亲再婚后狠心抛弃了自己，于是在心中对父亲产生了怨恨，并下定决心不要结婚。

有一天，她做了一个梦。

她讲道："耶稣基督降临在我面前，问我能否随他一

① 《阿德勒心理学讲义》。
② 《神经症问题》。

同去往天堂。他告诉我，到了天堂，我的工作就是‘让他人开心’。若我不随他一同去天堂，便会立刻坠入地狱。”

这位在女孩梦里出现的耶稣，代表的是在现实生活中向她求婚的男性。耶稣在梦中邀请她一同去天堂，指的是男性邀请她步入婚姻。但是，不接受邀请便会坠入地狱，这就有些强人所难了。

在梦里，女孩在天堂里的工作，指的是女孩婚后要做的事情。要“让他人开心”，也就是说，女孩在婚后必须让丈夫过得开心。

关于这个梦，阿德勒作了这样的解释：“女孩梦里的‘让他人开心’实际上蔑视了女性的作用。这说明，在她心中，女性的作用只不过是取悦男性罢了。”

婚姻中，如果有一个人只关注对方究竟会如何取悦自己的话，那么这将会成为他们婚姻生活中的问题。同样，如果一个人认为结婚就是一项女性取悦男性的行为，这个想法本身就存在问题。

由于女孩不想结婚，所以婚姻生活对她来说没有任何吸引力。为了坚定自己不结婚的决心，她在梦里跟随耶稣去天堂看了看，预想了婚姻生活，变得更加绝望。

“我跟随耶稣去了天堂，”女孩说，“在那里，我见到了许多天使，外貌与阿纳托尔·法朗士[①]的讽刺文中出现的企鹅相似。我还见到了天神，天神剃掉了胡子，看起来像那些药店广告里的男人，在天堂里四处乱跑。于是我感到非常绝望，决定离开。”

当然，梦里描述的只是这个女孩对婚姻的印象，不过在那个时代，许多人的观点和她一样。在女孩的婚姻观念中，存在着两个问题：

其一，她误认为结婚就是为了取悦丈夫。如上文所说，与那些被娇生惯养大的孩子一样，只期待别人给予而不懂主动付出是不正确的。而把“给予”当成取悦对方的手段，也是错误的。

其二，她错误地将婚姻中的职责固定分为“男性的职责”和“女性的职责”。如果在外工作的丈夫夸下海口“我从未给妻子在经济方面设置任何限制”，想必妻子是高兴不起来的吧。这正如孩提时代，父母反驳孩子“你想干什么都可以，但得等自己赚钱以后再说”是一个道理。

---

① 法国作家、文学评论家、社会活动家。

不管是外出工作，还是照料家事，其职责不是根据男女的性别而划分出来的，而是根据工作的具体情况决定的。

说起来，家务本就不该是由某一方专门负责，而应当由全家一同分担。即使白天在外工作，没有时间去做家务，晚上到家后再开始也没有问题。

原本简单的事情却成为问题，是因为这个社会上对做家务的评价和意识过低。特别是婚姻中经济自由的一方，会不自觉地看低对方。

有了孩子之后的困难

为了养育孩子，夫妇之间的协作必不可少。但当一个家庭以孩子为中心开始运作的话，就必然会出现很多问题。

一方面，由于母亲和孩子之间的亲密联系，父亲在家庭中可能会不自觉地受到孤立。如果这位父亲从小是在溺爱中长大的，当他发现自己远离被关注的焦点的时候，将难以忍受这一现实。对于认为家庭必须以自己为中心的人来说，孩子成了他们的竞争对手。

有了孩子之后，母亲不得不片刻不离地照顾他们。

这时，如果被孤立的父亲待在身边，母亲们是很为难的。

另一方面，夫妻双方从“夫和妻”到“父亲和母亲”的称谓上的转变，也是一个很大的问题。孩子出生后，有的人会改变自己对伴侣的称呼。他们代入孩子的口吻，把丈夫叫作“爸爸”，把妻子叫作“妈妈”。仔细想想，这种思维是非常奇怪的，但很多人都没能注意到这一点。

因为孩子而互相称呼“爸爸”“妈妈”、以孩子为轴心建立起的家庭中，由于习惯，即使孩子离开了身边，夫妻依然如此称呼对方。这意味着他们把孩子夹在了夫妻关系之间，长此以往，夫妻之间的情感也发生了变化。

有人会在与伴侣的长期相处之后，失去与对方的爱，只剩下亲情。

希腊哲学家亚里士多德说过：“哲学源于惊讶。”同样地，爱情也是从惊讶的情绪中产生的。当一个人意识到世界上存在和自己不同的想法和感受方式时，他的人生将变得更加丰富。正是有了这种惊讶的情绪，才让恋爱变得更加丰富。

不过，如果长时间一起生活，这种惊讶之情便会逐渐消失。那么，人们该如何应对呢？我们会在后面讨论这个问题。

第三章

爱一个人究竟是怎么回事

不要驱逐黑暗，努力站在阳光下吧

至此，我们列举了在婚恋阶段会出现的各种问题。由于大多数读者难以直接通过“爱的定义”对恋爱进行审视。因此我认为，从一些案例入手分析的话，应该能引发读者回忆起亲身经历，找到共鸣。

需指明的是，就算排除了那些问题，恋爱也不一定会一帆风顺。

要想知道两个人之间存在什么问题，首先要清楚恋爱关系的理想状态。人们真的了解恋人之间正确的相处方式吗？我想答案很可能是否定的。现实生活中的大多数人并不了解爱一个人是怎么回事，或者究竟应该怎样去爱一个人。

不管现状如何，都会将目光投向自己期望的、应有的方向。这种反应，就如同主动去站在阳光下一样。黑暗并不是有形之物，因此我们无法消除它。但想要摆脱黑暗，用光照就可以了。恋爱也是一样，我们无须纠结怎样去驱逐黑暗（问题所在），而是应该主动投身光明

（学习正确的恋爱方式）。

因此，基于前文中写到的婚恋关系中存在的种种困难，为了不让恋爱和婚姻继续给人们带来痛苦、造成悲惨的结局，在本章中，我们将一起思考“爱”究竟是怎么一回事。

爱是理智和热情的合体

将爱情当作自然产物的人，不会产生“爱是什么”的疑问。关于“什么是爱”，并不是稍做思考就能轻易得出答案的问题，但提出了疑问和没有提出疑问就有极大不同。

并不是说，爱一个人就必须知道什么叫爱。现实生活中，常有人在不知不觉间就坠入爱河。某天你可能突然发现，有一个人在自己脑海里生根发芽，你无时无刻不在思念着他。

如果把爱看成自然产物，那么爱这种感情就会变成自己无能为力的东西。当关系进行得不顺利时，就可以认定自己身上没有责任。与此同时，人们也会认为，关系的缓和与重建同样是自己力所不能及之事。

反之，如果人们明白爱情不是自然的产物，保留一些精力去留意关系中的变化，那么，即使这段感情进行得不够顺利，他们也能够冷静面对，就会减少许多恋爱之苦。

然而，即使如此，“冷静的爱”也只能是一种自相矛盾的说法。

柏拉图曾在《派德洛斯》中提到，哲学精神的本身正是理智（temperantia）与热情（eros）的综合体。

哲学 Philosophia 的词源是 philo（爱）和 sophia（知），即“热爱知识”。换句话说，哲学的本质就是爱。而爱也是理智与热情的综合体。其中的热情又可以被称为狂热。因为当一个人陷入爱情时，或多或少失去一些理智。

“分手的理由”不计其数

曾经，有学生问我，说她和男友因为工作的关系连续好几个星期见不到面，等好不容易见了面，男友却提出要分手，这是为什么呢？她说，如果他们常常见面，也许能从中找到对方提出分手的理由，比如见面时发生了什么分歧或争执等。可问题是他们压根儿没见面，所以根本找不出对方提分手的理由。

当然，争吵有可能成为分手的契机。但即使发生了争吵，也很可能会和好。所以，争吵并不是造成两个人分开的决定性原因。

然而，如果在争吵前，两人的关系就已经走入下坡路的话，恋爱中的人很有可能考虑到这段关系难以为继，所以选择以吵架为由来坚定分手的决心。

为了坚定分手的决心，或为了向对方说明自己初心已改，都是需要一定理由的。理由充分的话，说服对方的过程也会相对容易。所以说，人们在分手时，并不是因为存在某些理由所以想分手，而是为了分手而找了这些理由。

相恋时被看作对方的优点，很可能摇身一变成为分手的理由。当初随和温柔的人，变成了优柔寡断的人；当初充满男子气概的可靠之人，变成了霸道自我的人；当初规规矩矩的人，现在看来却成了拘泥于细节的烦琐之人。

很显然，这并不是因为对方真的发生了改变，而是因为当你意识到和这个人走不下去的时候，为了寻找分手的理由，有意识地让对方看起来不一样。无论哪一方面，你都会把曾经认为的优点看作缺点，并将其作为分手的理由。

恋爱没有为什么

有时，人们在思考爱一个人是怎么回事时，会突然从分手的话题开始讨论。这是因为，他们想说，爱一个人是无须理由的。

假设你心里有喜欢的人，当有人问起“你为什么会喜欢上那个人”，你应该也做不到立刻就答上来吧？如果硬要说原因，只能说“因为我决心要喜欢他”吧。

当然，肯定存在着一些条件，会左右人们是否决定去爱，比如那些在交往和结婚时被公认为好条件的容貌、学历、社会地位等。

但是，也有些人完全不看重这些外在条件。容颜会随着年龄的增加而老去。如今，保持一份工作直到退休一直不变，也不再那么理所当然。有人会从公司辞职，就连公司倒闭也不是什么稀奇事。即使是年轻人，也可能因为生病而无法继续工作。

那么，如果恋人失去了这些条件，你就不再喜欢他了吗？

即使发生改变，也能够一如既往地爱对方，那么这份爱就是没有任何条件限制的。如果有这份爱的决心，无论发生什么，这份感情都不会改变吧。

能成为真心伴侣的人往往不会精于算计

在前文中，我们看到了一些在爱情里自私自利、牺牲他人的人。不过，对于那些在婚恋关系中能成为真心伴侣的人来说，不仅喜欢上一个人完全不需要理由，而且在感情中也不会打自己的小算盘。能成为真心伴侣的人，不会依照利益选择爱人。首先考虑爱人能否带给自己一定利益，这是那些从小被骄纵惯了的孩子的特征。

阿德勒认为，在爱情里能成为真心伴侣的人，从不认为有必要牺牲他人来夸大自己的价值。① 他们不会通过考察对方的经济条件来寻找爱人，更不会为了抬高自己的价值去寻找爱人。也就是说，即使和社会地位极高、

---

① 出自阿德勒演说。

出类拔萃的人交往，他们也不会误认为自己就因此变得高人一等。

爱可以超越冲动

有人认为，爱一个人是没有理由的，爱这个人的决心就是这份感情的全部。但也有人认为，爱情与决心无关，它只是一种冲动的产物。他们认为，爱情是自然流露且无法抑制的东西，就好比人类时而会怒发冲冠、时而会悲伤落泪。但实际上，爱情并非那么自然的东西，也不是冲动和本能的产物。

不仅仅是爱，人类的许多情绪都不是无法抑制的。比如说，即使一个人很饿，也不会去抢夺别人的食物。或者说，无论多么饥肠辘辘，当出现一个比自己更需要这份食物的人的时候，他应该会把食物让给那个人。虽然在当下也许做不到让步，但是肯定会在心中强烈地意识到。

虽然人们常说“一不小心就火冒三丈”，但生气其实不是自然的产物。人们并不是“一不小心”就生气了，而是在那一瞬间作出判断，选择了发泄情绪。

现在，让我们试想一下一位男客人在被男服务员用咖啡弄脏了西装后大声怒吼的画面吧。乍一看，咖啡弄脏了西装和大声责备之间，似乎有着明确的因果关系。但是，如果打翻了咖啡的是位美女服务员的话，那位男性可能非但不生气，还会笑嘻嘻地对她说“没关系”。因此，该男子会在判断自己是否可以生气之后才开始发泄情绪。所以说，愤怒的情绪也绝不是那么自然而然。

恋爱也是同样的道理。正如上文所说，爱情可以被称为狂热（mania）之事，它有着其不合理的一面。但一个人会爱上谁，并非是由一时冲动造成的，而是先有了爱这个人的决心。如果人们能从这个视角来看待问题，就能更准确地理解恋爱中的种种现象。

我讨厌那个人，但是喜欢你?

有的人会告诉自己的伴侣：“我讨厌那个人，但是喜欢你。”在他们看来，“不爱别人”就是深爱对方的证明。但是，这能成为真正爱着的证明吗？

弗洛姆说，爱人是一种能力。这种能力不只以特定的某人为对象，其他人也没有被排除在外。

也许不太恰当，但我们不妨将这比喻为骑自行车的能力。会骑自行车的人，什么样的自行车都能骑。当然，他们也有自己对自行车的偏好。但若要选择骑某一辆自行车，前提条件是你必须会骑。

爱的能力也是一样。那些跟人说“我讨厌那个人，但是喜欢你”的人，不能说他具备爱人的能力。

硬要说的话，“你和那个人我都喜欢，但我更喜欢你”是可以存在的。但这又会引出另一个问题：这样比较是否合理？

就算听到恋人说“我讨厌那个人，但是喜欢你”，人们也丝毫不会产生被爱的感觉吧。因为听者会联想到，对方也可能会对另一个人说同样的话。

印度的宗教哲学家基督·克里希那穆提曾提出这样的疑问：“当你深爱着一个人的时候，是否真的会从这份爱中排除掉其他人的存在呢？”[①]

克里希那穆提和弗洛姆的观点相同，他们认为，在爱一个人的时候，没有必要去排斥他人。

柏拉图曾对苏格拉底说，爱喝酒的人总会想尽一切

---

① 《人生中不可不想的事》。

方法尝试各式各样的酒。(《国家篇》) 拘泥于酒的品种的人，只是喜欢那个品种的酒，说不上真的喜欢喝酒。

有一位喜欢猫的哲学家叫左近司祥子，在听到苏格拉底这番话之后说，如果真的喜欢猫，那么无论是脏兮兮的野猫，还是软绵绵的波斯猫，都应当爱不释手，真正的爱猫之人会觉得所有的猫都可爱。[①] 真正爱猫的人应该会对该说法表示赞同。

按照这个说法来看，那些嘴里说着“我讨厌那个人，但是喜欢你”的人，并非真的懂得爱。

博爱是可能的吗?

克里希那穆提曾说过:“人们是先拥有了爱这种情感，之后才产生了对特定的某人的爱。”这样，他把人身上普遍存在的爱的情感和对某个特定对象的爱区分开来。

一个人的心中若没有爱，换言之，假如这个人不具有弗洛姆所说的“爱一个人的能力”，他就无法爱上某个人。

---

① 《真正为了生存的哲学》。

阿德勒的关于爱的观点，与耶稣在《圣经》中说的“要爱你的仇敌”的观点相近，也就是说要“爱邻舍如同自己”。[①] 对此，被娇生惯养大的人会产生疑问：“为什么我要去爱我的邻舍？邻舍真的会爱我吗？”即使不是娇生惯养的人，也可能会有疑问：“假如邻舍不爱我，我为什么要爱他们呢？”

弗洛伊德曾与阿德勒共同研究，他同样对耶稣的“爱邻舍如同自己”的观点抱有疑问。他说，如果该观点变成“像你的邻舍爱着你那般去爱他们”，就不存在异议了。[②] 然而，去爱那些爱着自己的人，几乎是每个人都能做到的事情。

弗洛伊德认为，邻舍之爱只是一种“理想号令”，它违背了人类的本性。陌生人非但不值得去爱，甚至还能唤起敌意，甚至是憎恶。

“为什么应该这样做呢？这么做有什么作用呢？最重要的是，这个号令该如何执行？到底能否执行？”[③]

但是，阿德勒拥有更加成熟的生活方式，他认为弗

① 《超越自卑》。

② Freud，*Das Unbehagen in der Kultur*.

③ 出处同上。

洛伊德的疑问只在乎“被爱”这件事。阿德勒认为，即使谁也不爱自己，他也能勇敢地去爱邻舍。①

重要的不是被爱，而是要勇敢去爱。爱不是自然和冲动的产物。即使理想的爱的方式与现实相隔甚远，但通过了解，现实中的爱情也许就会因此改变。理想之所以为理想，正是因为它不同于现实，却又是改变现实的方向和动力。

最原始的、客观的爱

精神科医生神谷美惠子年轻时曾经历过恋人的离世。她在《关于生存的意义》一文中曾写道：“……对我来说，我的人生绝对、绝对不会再恢复原样了。啊，从今往后，我该怎么做，又该为了什么而继续活着呢？”

这篇文章摘自《一位失去了本应携手一生的青年的女子的手记》②。有人通过引用神谷现存的手记进行论证研究后发现，这本手记即是神谷女士对自己人生经历的

① 《超越自卑》。

② 将来を共にするはずであった青年に死なれた娘の手記。

记录。[①]

神谷写道，自恋人离世后，自己无论对谁，包括男性，都只能够产生一种“客观（impersonal）的爱”。客观地爱人，是指不偏心任何人、以公平的态度去爱人。神谷说，这种只能客观地爱人的状态是一种病态。

与这样“客观的爱”相对的感情便是“个人（personal）的爱”。用克里希那穆提的话来解释，“个人的爱”就是“指向特定的某人的爱”。失去所爱之人的神谷，变得难以爱上特定的某个人。

一天，神谷在读雅斯贝尔斯[②]的著作《世界观的心理学》（*PPsychologie der Weltanschaungensychologie der Weltanschaungen*）时，仿佛在某段记述中看到了自己的影子。

这是关于一个与神谷的经历类似、同样失去了挚爱的少女的记述，书中写道：“从那以后，少女再未与任何一个个人相遇。”

这里提到的“个人”，原义是“individual”，它是指

---

① 太田雄三《从失去中出发——记神谷美惠子》。

② 卡尔·西奥多·雅斯贝尔斯（Karl Theodor Jaspers）：德国存在主义哲学家、神学家、精神病学家。

某个单独的、个别的人。

我认为，如果要以“个人”情感去爱一个人，首先作为基础，你必须做到能够客观地去爱人。

前文中提到，当恋人说“我讨厌那个人，但是喜欢你”，人们很难感受到被爱。这是因为，虽然这种表达方式表明了对方喜欢你这种“个人的爱”，但是它缺乏了“客观的爱”。

当一个人可以做到同样去爱所有人（客观），而他对你又产生了超越对其他人的感情（个人）的时候，爱的本来面目才显现出来。“个人的爱”必须以“客观的爱”为基础。所谓“个人的爱”，就是在理解了“客观的爱”的基础上，由无可替代的独一无二的我，献给唯一的你的情感。嘴里说“我讨厌那个人，但是喜欢你”的人，所爱的并不是独一无二的你。一旦他们的心意发生改变，转眼就会爱上别人。从这个意义上来说，这个人的爱并不是真正的爱。

从萍水相逢到命中注定的相遇

三木清说，无论必然还是偶然，命运都是难以想象的。[1]

毋庸置疑，人与人的相遇本属于偶然。《涅槃经》中有着“盲龟浮木”一说：

一只眼睛失明的乌龟住在大海深处，它每隔一百年才有一次机会浮出海面。当乌龟正要露出海面时，海上浮着一块木头，木头上面有一个洞孔，乌龟偶然地把头伸进了那个洞里。

“盲龟浮木”形容的就是缘分难得。然而，无论与什么样的人相遇，都不过是偶然。实际上，并没有什么命中注定的人，只是人们决意把某个人当成了命中注定的那个人。

辻邦生[2]曾谈起和幸田文[3]初次见面时的场景。这天，两人以“人生中的缘分”为主题展开了对谈。当时辻的年龄在五十五岁左右，依据他的说法，那天的幸田咬字清晰，浑身散发着迷人的魅力。她身着夏季和服，坐姿极其端正，随后说道：

“能在今日同您见面，实属缘分。我本以为自己大

---

① 《人生论笔记》。

② 辻邦生，日本小说家。

③ 幸田文，日本小说家、随笔家。

概没什么缘分能见到您，因为我们完全活在不同的世界，年龄也相差甚远。这可能是我七十七岁的夏天里获得的最难得的一份缘，因此我今天来拜访您了。”[①]

幸田一语道出了与人相逢的喜悦，而且是一般情况下难以相见的人。而在过去的人生中，假若走错一步，人与人都未必能够相见。

当然，并非有了邂逅，恋爱就大功告成了。如果能将这些邂逅解读为“缘分”的话，那么邂逅的意义就超越了萍水相逢。

我的一个朋友，求职期间偶然去一家公司避雨，结果阴差阳错地入职了这家公司。如果不是那天的那场雨，他应该不会考虑到那家公司工作吧。在这个案例中，如果他没有采取任何行动，只是单纯地去避雨，这个雨天里的故事应该就只是一个再平凡不过的小插曲。不过，我的朋友把这个“偶然事件”成功升华为了“缘分”。

在恋爱方面，人们也无法等遇见了所有人之后，再进行比较和讨论去决定和哪个人交往结婚。能否把萍水相逢升华到缘分、甚至是命中注定，全看你本人。

---

① 辻邦生、水村美苗《附上书信、书签》。

不存在一见钟情

人们对彼此的印象往往只是自己的臆想，有时只需提点几句，他们就能意识到自己的错误。

我认为，这个世界上不存在所谓“一见钟情”。哲学家森有正曾描绘过他初次在女性身上得到的感受——那种像乡愁一样的情绪和憧憬，以及涌上心头的对女性的模糊欲望。[①]

实际上，森和这位他所憧憬的女孩一句话也没有说。就这样安安静静地，夏天结束，女孩离开。

森在和女孩没有直接接触的情况下，凭借主观的思考为她编织了一个理想的形象。可这种情况下形成的理想形象，并不是真实的她。

如果森尝试与她交谈，也许他脑海中的形象就会崩塌瓦解。那么，从某种意义上来说，森与女孩之间毫无交流也许是件好事。这样的话，女孩就能以一个完美的形象永远留在森的脑海里。但如果实际交往的对象就是这个“理想形象”的话，事情就没这么简单了。

---

① 《在巴比伦河畔》。

邂逅

根据宗教哲学家马丁·布伯的思想，一个人对人类世界的态度分为两种：一种是“我与你”关系，另一种是“我与它”关系。在“我与你”关系中，“我”会调动自己全方位的人格来与“你”相处；而在“我与它”关系中，“我”只把“它”当作一个事物去体验。

在缺少语言交流、人为将人物客体化的“我与它”关系中，人们会像看事物一样看待对方。这两种关系之间的决定性差异在于，是否与对方进行过语言上的交流。其中，“一见钟情”被划分到了“我与它”关系中。人们在一见钟情的时候，通常还没有与对方进行言语上的交流，只是默默地将对方物化。

也就是说，人们并没有仔细观察对方（你），而是根据过去认识的人的数据，类推出对初次见面的人的认知。

相反，在“我与你”关系中，人们会调动自己全方位的人格来认真对待这段关系。这样的邂逅，和大街上与路人擦肩而过时的感觉不同。在这种邂逅中，“我”与“你”相遇，于是“我”成为“我”（Ich），和“你”（Du）聊起了天。唯有在这个瞬间，两个人才能称得上是初次邂逅。

虽说，使用“相遇”这个词就能够清楚地表达出我的意思，但我之所以特意在文中使用“邂逅”这样难懂的词汇，是因为我想强调“邂逅”是一种特别的东西。

这样的邂逅并非一蹴而就，有时也是循序渐进的。在德语中，“du”是对第二人称的亲密称呼。一般情况下，德国人会称呼对方为“Sie”，当关系亲近之后，他们开始互称对方为“du”。在交往的过程中，何时改变称谓，将成为这段关系中的一个重要转变。也许是某一方或双方，对冷淡的称谓“sie”感到莫名的违和，这个时候，他们必须鼓起勇气询问对方，自己能否用更亲密的称谓来称呼他们。

当一个人进入一段亲密关系当中时，他将不再是从前的他。

对于相爱的两个人来说，他们的关系中也蕴含着同样的道理。当一个人陷入爱河时，他已不再是单身状态下的那个自己。此刻，恋人已经住到他的心里，他也因此焕然新生，这种感觉应该可以理解吧。

依照布伯的说法，当一个人达到最佳状态的那个瞬间，他们将变得与之前不尽相同。虽然布伯用的是“瞬间”这个词，但当恋人们不自觉地称呼对方成为“du”的时候，其实早已变得离不开彼此。

爱是一个“过程”

弗洛姆指出，如果要在西方言语体系中找一个名词比动词形态更为常用的词汇，那就是“爱”。在他看来，“爱”原本是一个抽象名词，现在已逐渐从人类活动中分离出来，实现了物象化。[1]问题在于，两个人明明只是发生了相爱的行为，却还要考虑他们之间是否存在“爱”这种东西。

人们无法“拥有”行为和过程，而只能体验。所以，人无法“拥有”爱，只能够体会爱。而且，关于爱的体验是不断流动的，每时每刻都在发生变化。

由于爱是无法拥有的，因此，即使一度爱上过某人，这份感情也可能会结束。也就是说，爱不可能永远保持不变。

既然爱是一场体验，那么努力就是不可或缺的。但

① 《占有还是生存》。

这份努力的目标是为了构筑良好关系，绝不是令人痛苦。也就是说，这份努力本身就是愉悦的。

综上所述，爱是一项活动，是一个过程，所以人们无法“拥有”爱。当人们将爱当作可以占为己有的东西时，他们便不再努力去被爱，也不再努力去爱对方。

被激活的时间

当人们不再为爱付出努力，恋人之间流淌着的便不再是“富有生机的时间”。

法国精神科医学家尤金·明可夫斯基最早提出了“富有生机的时间”这个概念。共同努力着的两个人，可以在同一个地方享受同一段“富有生机的时间”。

诚然，身处拥挤地铁里的人们，同样是在共享同一个空间里的同一段时间。但他们只是偶然出现在了同一节车厢里，光凭这一点，称不上是在共享“富有生机的时间”。

与“富有生机的时间”相对的，是“死气沉沉的时间”。在上下班时段搭乘地铁的乘客，大多和周围的人并不相识。因此，他们会通过一系列的动作来表示自己独身一人。有人透过窗户眺望外面的景色，有人看看书，或是玩玩手机。这些动作都说明了自己和旁边的人没有任何关系。这种时候，时间对于每个人来说是分别流逝的，对于一心只想早点到达目的地的人来说，长时间的路途只是一段痛苦的经历。

与此相对，“富有生机的时间”是人们共同享有的，但这段时间无法用钟表记录。借用哲学家鹫田清一的话来说，当一个人和另一个人的时间紧密相连，接着共同经历过同一段时间之后，两个人之间的关系才算成立。[①]

即使爱着对方，也无法自动就享有这种“富有生机的时间”。这不如说，当你和恋人感到双方能共同享受“富有生机的时间”之时，爱情才会油然而生。这和前文提到的“爱情是一段流动着的过程”有着同样的含义。如果两个人能够走到一起，他们必须学会互相分享彼此的时间，避免因为吵架导致共处的时间变得死气沉沉。

虽然大多数恋人会在同一个空间共享同一段时间。

---

① 《“倾听”的力量——临床哲学试论》。

但实际上，即使没有处在同一个空间内，两个人依旧能够共享时间。

例如前文提到过的，和辻哲郎给妻子小照写信的故事。即使小照读到的信是一个月前书写的内容。但当她在阅读信件的那一刻，即使没有和丈夫身处同一个空间，也能共享属于他们的“富有生机的时间”。

“拥有”与“存在”

弗洛姆指出，人类生存的两个基本存在方式上的差别，那就是“拥有”和“存在”。

我的母亲在四十九岁时死于脑梗死。在我看护意识模糊、长期卧床的母亲时，其间的心理活动可以用弗洛姆的话来概括。

当一个人变得像母亲那般行动困难，即使是“拥有”金钱和名誉，不也毫无意义吗？这个时候，人究竟还有活下去的意义吗？

关于这个问题，我并没有立刻得出答案，但我认为，弗洛姆的“拥有”到“存在”之间的过渡理论，成了我解决问题的关键。

“‘我’，是我所拥有的一样东西，如果我失去了所拥有的东西，那么我将变成什么呢？”①

然而，弗洛姆指出，如果一个事物是“存在”的，那么人们就不用担心会失去什么。因为，它只是“存在”于某处，谁都不是它的拥有者。

“但如果是‘拥有’的东西，就会在不断使用的过程中逐渐减少，抑或随着实践而日渐增加。”②

弗洛姆说，燃烧不尽的“可燃柴”是《圣经》中这个反论的象征。某日，摩西来到了被称作“神之山”的西奈山，在那里，耶和华的使者在熊熊燃烧的荆棘火焰中向他显现出来。摩西定睛一看，感到十分不可思议，因为使者身下的荆棘，丝毫没有被熊熊大火烧毁。③

爱，属于典型的“存在”形式。在神话里，燃烧的柴火所代表的神之爱火是不会燃尽的。在现实生活中，若是想要保持人与人之间的爱不被燃尽，必须时时添柴生火。这是在促进爱情更新的实践。爱情需要时时更新，但“爱情”本不是任何人的所有物，只是一个客观的“存

---

①《占有还是生存》。
② 出处同上。
③《出埃及记》。

在”，因此，爱情不会枯竭。

嫉妒，是一种由“爱可以被拥有”的心理而萌发的情感。无论你多么喜欢对方，爱情都是一个客观的、流动性的“存在”。因此，人们很难将恋人的心拴住，并将之据为己有。

不过，应该没有人能确信自己的心意会一成不变地持续下去。即使现在沉浸在甜蜜的梦中，这份心意也可能在不知不觉中悄然改变。正是由于清楚地知道这一点，人们才会向对方许诺永久的爱。

所谓“永远”，就是在活在“当下”

当人们陷入爱河，每个人都会思考这份爱能持续到何时。最终，死亡会将两人分开，但也许在这之前，恋人们早已分道扬镳。

即使当下两个人相处得十分融洽，或者说，正是因为当下关系融洽，他们才更加对未来感到不安，更加希望此刻的幸福能永远延续。

按照弗洛姆的观点来看，这份爱情并不是双方所“拥有”的东西。时间只是在“此时此刻”赐予了两个人关于爱的经验。在这份爱情里，不存在着过去，未来也还没降临。两个人并非“拥有”爱情，只是在此刻，客观地体验到了爱情的“存在”。

相爱着的两个人发誓要相爱到永远。可此刻他们所希望的“永远”，并不是指要将当下这个幸福的瞬间无限延伸成永远。关于“永远”，用弗洛姆的话来说，最恰当的表达方式如下：

“人们并不是在岁月的长河中掌握到关于爱情、喜悦与真理的，他们仅仅是在此时此刻体会到了这些东西。因此，此时此刻即是永远。因此，永远是没有时间限制的。”①

以舞蹈为例，由于舞蹈本身是饱含意义的事，因此没有人会想通过跳舞的方式往某处移动吧。当舞蹈结束时，人们会到达什么目的地吗？应该没有人会为了移动到某个地方而选择跳舞。如果移动才是目的的话，那么通过走路便可达成，不需要用舞蹈的方式。

爱情给予人们的体验，和他们在跳舞时收获的喜悦相似。在舞蹈中，一个人不能永远地跳下去。当音乐戛

---

① 《占有还是生存》。

然而止，一场舞蹈便拉下帷幕。但跳舞的时候，人的脑海里不会冒出“这支舞蹈什么时候才能结束”的疑问。

同样，在爱情里不存在起点和终点，爱的任何阶段都是完整的。在没有时间限制的情况下，爱情持续时间的长短则变得无关紧要。

在体验爱情时，如果两个人可以抛开时间限制，只珍惜当下永恒的爱，他们对待人生的看法也可能因此改变。

人总有一天会面临死亡，人们把死亡当作一种对幸福的威胁。人们之所以惧怕死亡，是因为未曾有人体验过死亡的感受。但如果现在能够和所爱之人永久相伴，那么死亡对于他们来说就变得不再可怕。因为，只有活在“当下”才是重要的。

每个人都将独自死去，从这个意义上来说，死亡是绝对的孤独。森有正说：“如果死亡是绝对的孤独，那么人们在活着的时候感受到的孤独感就是死亡的预兆。”[1]但是，活着时的爱情是足以与这种孤独抗衡的。从这个意义上来说，爱情是永远的预兆。换句话说，爱情就是

---

① 《在河畔》。

永远本身。

不成熟的爱

许多人都注重对金钱和物品的拥有。对此，弗洛姆这样解释道：

“对那些一个劲儿地去储蓄，并害怕失去任何东西的人来说，无论拥有多少东西，从心理学的角度来说，都是贫穷的人。”①

弗洛姆指出，一旦一个人的贫困状态超过某种程度，他就会变得难以主动付出，甚至会失去对“付出”的喜悦。但即使如此，人们也是能够付出些什么的。因为“付出”中最重要的部分，不在于给出了什么东西，而在于人们在人性的领域上有所输出。那么，除去物品，人们能给予的究竟有什么呢？

对此，弗洛姆是这样说的：“人们会将自己、自己最珍视的东西，以及自己的生命赋予他人。”②

---

① 《爱的艺术》。

② 出处同上。

这里并不是指去牺牲性命，而是将自己心中最富有生命力的部分赋予他人。

“将喜悦、兴趣、理解、知识、幽默和悲伤等，自己心中最富有生命力的情感表现都赋予他人。通过付出自己的生命，令他人的生活变得丰富多彩；通过提高自己身上的生命力，让他人的生命变得更富活力。”[①]

每个孩子都会受到父母的疼爱。父母对子女的爱是无条件存在的，孩子不需要为获得这份爱做特殊的努力，所以这种体验是相对被动的。虽然不需要特别去努力，但要让一个人的自我价值得到认同，重要的是要相信他人认可自己活着、存在着。通常情况下，父母都能够无条件接受孩子的存在。

对一个人来说，只要自己真实的样子能被别人接受，那么他就能积极地看待人生中遇到的任何事。无论生活中遇到了什么样的难题，患上怎样的疾病，或自己的人生与父母所规划的大相径庭，都一概不成问题。若父母能够尊重孩子最本真的样子，在此意义上，孩子也同样在为父母做出贡献。

---

① 《爱的艺术》。

孩子在享受父母宠爱的同时，会萌生通过付出让爱萌芽的崭新念头。他们会想到给父母送礼物，或是创作诗画等。对此，弗洛姆这样阐释道：

“爱这个观念，从人们出生那一刻起，就慢慢地由被爱转变为爱，也就是说，爱在朝着孕育爱的方向在不断发展着的。”①

小时候，人往往弱小无助易生病，但作为一个乖巧的孩子，他们非常渴望获得疼爱。到了青春期，他们会通过感受爱，在心底孕育出爱人的能力。

弗洛姆说：“幼稚的爱遵循的是‘因为被爱，所以去爱’的原则。不成熟的爱是‘因为需要所以爱’，而成熟的爱则是‘因为我爱你，所以我需要你’。”②

我认为，大多数人都还做不到成熟地爱人。大家往往都认为自己是“因为需要所以爱”。思考着“正是因为爱你，所以才需要你”的人，少之又少。

更进一步说，懂得“成熟的爱”的人，甚至认为自己没有必要对对方说“我需要你”。

---

①《爱的艺术》。

② 出处同上。

爱情不是相互付出

阿德勒说过，“对于伴侣间的相处来说，相互付出是非常重要的元素”。[①]

有些人认为自己在被恋人给予的同时，也做出了相应的付出。他们会对恋人说：“我为你做了这么多，你也应当相应地归还给我。”此时，这场恋爱就变得不再单纯，而是变质成了一场交易。所以，在恋爱中执着于相互付出是特别奇怪的事情。照这么想来，相互付出并没有那么重要。

不仅仅是恋爱，所有的人际关系都不单单是人与人之间的相互付出。父母与子女之间亦是如此。即使父母对孩子说“我为你做了这么多，你就应该相应地归还给我”，孩子们对这样的要求也无能为力。因为子女根本无法偿还从父母那里得到的东西。即使他们想要孝敬父母，也无法归还从他们那得到的全部。当然，父母并不会在孩子身上寄予这样的期望。如此说来，相互付出是没有办法成立的。

① 《阿德勒心理学讲义》。

如果真的想把被给予的东西赠还，也可以考虑换个对象。如果你结婚生子，就可以把从父母那里获得的全部给予自己的孩子；或者也可以通过工作来将之回报社会。

失恋之所以痛苦，是因为人们把恋爱当作了相互付出。当付出的努力得不到相应的回报时，人们就会因此痛苦。

即使了解到对方不像自己爱他那般爱着自己，或者说，知道对方心中根本没有自己的时候，倘若能够即刻放手，就会减少很多困扰。可失恋的烦恼偏偏在于，就算被甩，人们也很难放弃自己喜欢的人。

然而，无论对方怎么想，都能够继续爱对方的人，是不会失恋的。

因他人而打开

在日语中，人被称作"人间"，因为人正是处在人与人之间的，因此，一个人无法成为真正的人。

这一点可以借用神学家八木诚一的"正面构造理论"，作如下解释：

在正面构造理论中，每个人都被比喻为一个四边形。

人们用自己的四条边作为正面，与他人进行相互接触。其中有一条边并非实线，而是由虚线构成，与人交往时，也正是由这一面与他人接触。这条打开的作为正面的边，会因为与人接触而被填满。[①]

婴儿一般由母亲照顾长大，他们的母亲能够得到丈夫的照顾。同样，丈夫也会得到妻子的照顾。与此同时，婴儿不仅仅被父母照料，也在一定程度上支撑着父母的生活。夜深了，父母回到家时，孩子已经进入梦乡，但当他们看到孩子安静睡去的脸庞，内心的疲惫瞬间消失得无影无踪。

在这样的关系中，人无法只凭一己之力来度过一生。人的四个面并不完整，他们必须通过正面的碰撞来获得完整。从这个意义上来说，人与人之间是互相牵绊的。

恋爱中的双方也是一样。相爱的人将会意识到，自己已不是形单影只地活着，凭借自己的一己之力是无法活下去的。

但长此以往，两个人就会相互依赖。因此，人们需要变得更加成熟，保持精神上的自立。然而，他们也不

① 《寻求真正的生活方式——共存的正面构造》。

可能靠一己之力长大成熟，为了练就成熟的人格，他们需要获得别人的帮助，也必须主动去帮助别人。

无可取代的你

从“正面构造理论”的意义上来说，恋人对于自己来说是无可取代的。同时，自己也要成为正面去帮助他恢复完整。对于恋人来说，自己的存在也是无可取代的。

在工作中则不同，一定有人能够代替自己。对工作抱有强烈自豪感的人，很难接受这个事实。在他们看来，倘若自己离开，工作一定无法继续正常运转，可是实际情况并不如此。

真正有才能的人，一定也是优秀的教育家。虽然某项工作最初是由他们自己完成的，可逐渐地，他也应当教会其他人去操作。如果一个人离开后，他的工作便无法正常运作，这意味着这个人没有培养后辈接替工作的能力，那么，他也只能被称作无能之辈。

但在恋爱当中，你必须是无可取代的。要说失恋为什么会痛苦，那是因为人们知道，在对方心中，自己竟然可以被替代。

当被恋人选中时，人们会因为自己的无可取代性而感到欣慰。

换个角度说，如果一个人因为被恋人选中而欣喜，并初次建立起自信，那么这个人的价值就会依托于恋人身上。但并不是说得不到恋人的认可，人们就没有价值。

不被爱的寂寞

知道自己被对方放在心中，的确是一件值得高兴的事。但这里存在两个问题。

第一，当一个人期待自己在对方心中有容身之地时，就会盼望对方爱自己，进而要求对方如同自己爱他那般爱着自己。但对方是否爱你，是由他自己决定的，你无法左右他的想法。

有的人一旦发现对方不像自己爱他那般爱着自己，就立马决意不去爱对方。此时，爱情就不再单纯，而变成了一种交易。正如上文所说，在恋爱方面，相互付出是不成立的。

第二，如果人们认为对方心中没有自己，自己的价值也会随之消失，那么他们的价值就是依赖在对方身上的。

如果说，希望对方心中有自己的容身之地，就是在期盼自己对对方有重要意义，这样的希望是可以被理解的。只是，一个人的价值并不取决于对方对自己的看法。无论被对方如何看待，都与自己的价值无关。

为了不成为依赖关系

人们应该知道，两个人在一起，是因为能够共同经历人生从而收获喜悦。即使对方不爱自己，自己的价值也不会消失。换句话说，自己的价值不是通过对方的爱得来的，只是对方的存在让自己的存在变得更加鲜明而已。如果双方都这么想，两个人之间便不存在互相依赖，能够建立理想的恋爱关系。

神谷美惠子说："沐浴在爱河中的人，不会在乎对方是否感谢自己。他们在感受到被需要的同时，会更加努力去生活。"[①]

也就是说，当人们意识到自己对别人有帮助时，一股奉献感会在心头油然而生，此时，他们能够深刻感受

① 《关于生存的意义》。

到自己的价值。

阿德勒说："人们只有在认为自己拥有价值的时候才能获得勇气。"[①] 这种勇气，是主动同人打交道的勇气。为什么与人打交道需要勇气？是因为他人不一定能够接受自己的想法，自己可能会被拒绝。因此，害怕被人拒绝而受伤的人，会下定决心不再参与人际关系。

为了找到下定决心的理由，无法鼓起勇气的人会否定自己的价值。在他们看来，自己都不喜欢自己，别人怎么会喜欢呢？于是，这些人通过这样的主张，去肯定那个不敢参与人际交往的自己。

同理，有些人即使正在恋爱当中，也会因为担心恋爱关系无法预测而感到不安，害怕自己会因此受伤，所以他们认为自己没有价值。

拘泥于自己是否被认可的人，在得知对方不认可自己之后，就不会再为他做任何奉献；为了让喜欢的人接受自己而不断努力的人，在得知对方并未对自己抱有好感时，往往会立即转身离去。这是因为，这样的人是渴望被爱的。为了获取对方的爱，他们会拼命努力到知晓对

① 出自阿德勒的演说。

方心意的那一刻。

懂得真爱的人，往往是不求回报的。正如神谷所说，如果知道自己被人需要，那么即使没有得到感谢，自己的价值也受到了肯定。

进一步说，对于真正深爱着某人的人来说，就连知不知道自己是否被人所需要，都不那么重要了。

摆脱自我中心性

在交往中，如果太以自我为中心，一味关心自己是否被爱、自己怎样被他人看待，一定会出现诸多问题。

刚来到这个世界时，若没有父母的照顾，没有人能够独立生存下去。因此从某种意义上来说，在生命的最初，每个人都把自己当作世界的中心。但总有一天，他们会知道，自己的想法是错误的。

在娇生惯养的孩子心中，就算什么都不做，也有人会为他们付出。他们认为，只要大人能够来照顾自己，大人就是自己的伙伴。但随着孩子力所能及的事情不断增多，大人便会渐渐减少对他们的照顾。这时，他们才懂得，大人并不是为了满足他们的期待而活着的。

为了让孩子们及早独立，我们必须让他们了解到，这个世界上除了他们以外还生活着许许多多的人，其他人也拥有和自己同等的资格。

懂得了大家都以同样的资格生活着，便不能把他人当作自己的附属品。他人并不是为了满足自己的期待而活，也就没有理由因为他人不按照自己的想法行事而生气。当然，自己也没有义务去满足别人期待。

那么，人是从什么时候开始真正明白在这个世界上还生活着其他人的呢?

是当他们开始爱一个人的时候。

当一个人感知不到他人的存在，或者说，他人对自己来说不那么重要的时候，他们的一举一动和全部的心思都是为了自己。在这个阶段，他们整个人生的主语都是“我”，追求的幸福也仅限于“我的幸福”。

一旦爱上一个人，人们就会脱离上述状态。人生的主语将会由“我”转换成“我们”。

真正懂得爱的人，认为独自生活是没有意义的。当所爱之人出现，他们才获得了生存的价值。

所谓自立，不等于只有自己才能完成某件事，也绝不是单单凭借自己的力量去生活。比起考虑自己的人生，人们应该多考虑两个人的未来。比起实现自己的幸福，更应该为了成全两个人的幸福而奋斗。

两人产生共鸣

当人生的主语从“我”变成“我们”，便有诸多难题在等着人们去克服。

两个陌生人之间当然很难发生什么，但当两个人逐渐接近，其中某一方或双方都可能打算支配对方。有时，距离隔得太近，还会形成共存的关系。这种问题存在于所有的人际交往中，包括恋爱关系。

就算要支配别人，也不要迷失自己去迎合别人。要保持自立，坚持做真实的自己，成为对彼此来说无可替代的存在。那么，保持自立，就意味着难以和人打交道吗？

森有正说：“里尔克激发了我内心深处的共鸣，它让我思考自己真正的渴求是什么，它让我无法掩饰地、清楚地感受到自己与目标距离有多远。”[①]

森说，光是听到“里尔克”这个诗人的名字，自己

① 《里尔克的共鸣》。

心中的共鸣就会被唤醒。

森口中的“共鸣”，给人与人之间的相处方式提供了一定的参考。人们在交往的过程中，不是支配与被支配的关系，而是彼此独立的，与此同时，又能引起对方的共鸣。换言之，人与人之间存在的是能互相唤起共鸣的关系。

保持各自独立，并不代表他们毫无关系。因为若是那样，人们就只不过是擦肩而过的过客，谁都不会受到对方的任何影响。

拥有某种能够引起共鸣的元素的人，会对拥有与自己相同振幅的人产生共鸣。

人，无法完全独立生活，每个人的人生都是在与他人的交往中度过的。他们被人帮扶着长大，同时也支撑着他人的生活。在此，我想用“相互依存状态”（interdependence）来定义这种状况。这个词和所谓“共存”并不完全一样。

在相互依存状态下，每个人都是各自独立的，只不过在这个存在的维度，他不仅仅只有自己一个人。为了造就完整的自己，人们需要他人的帮助，自己也必须去支撑别人。

在这种相互依存的状态下，人与人之间的关系以“共鸣”的形式成立。在那里，不存在支配与被支配。自己持有的东西，会理所应当地得到他人的共鸣，他人也会唤起自己的共鸣。

这样，即使两个人不能朝夕相伴，即使相隔两地，也能够互相影响。

与德国作家露·莎乐美亲密接触过的男性们，凭借从她那里获得的灵感，在九个月后出版了一本书。和她有过深交的尼采和里尔克也都受到她的启蒙，为她写诗、著书。

即使不曾著书，但大部分人在经历一段新恋情时，爱读的书、爱听的音乐都会发生变化。这样的变化是自动发生的，没有夹杂任何被强迫的因素。它是从人们开始关心心爱之人时萌生的，更准确地说，是从他们开始注意到对方的兴趣时萌生的。这时，他们心中就会产生共鸣。

这种共鸣，如果把它称作两个人的“频率契合”，也许更容易理解。刚开始读一本书时，可能很难理解它的内容。但如果坚持读下去，你就会突然对上作者的频率，从那一瞬间起，你将开始理解这个作家所有的语言。这也可以被称作一种共鸣。

在阿德勒心理学中，有一个非常重要的概念叫作“共同体感觉”。阿德勒将这种“共体感”定义为：“用他人的眼睛去看，用他人的耳朵去听，用他人的心去感受。”[①] 其中，“用他人的心去感受”可以说等同于“共体感”。在产生这种“共体感”的同时，两人互相引发了共鸣。

如果说一个人的身边适合恋爱和婚姻的对象很少，这可能意味着此人没有学会怎样寻找“共体感”。

爱，只有在人与人相互共鸣、并能互相用心感受对方的关系中才能成立。

爱是追求自由

虽然每次在课堂中提到，学生嘴上都说着“做不到”，但当自己喜欢的人和别人在一起并获得幸福时，能站在一旁为之欣慰才称得上是爱。

阿德勒说过，最重要的是“比起自己，要更关心所爱之人的幸福”。[②]

---

① 《阿德勒心理学讲义》。

② 出自阿德勒的演说。

有一首经典歌曲叫作《请把最后一支舞留给我》(*Save the Last Dance for Me*)。歌中唱道:“和喜欢的人跳舞吧,但希望最后那一支舞由我来陪。”缺乏自信的人,为了不让对方从自己身边逃走,会试图牵制对方。但越想要束缚对方,反而越会让对方远离自己。

森有正说:“爱是追求自由的,而自由必然会加深危机。”①

当一个人觉得不受约束、自由自在时,会强烈地察觉到给予自己这份自由的人的爱。爱是追求自由的。

假如允许恋人不受拘束、自由自在,他的心可能会跑到其他人那里。但也有可能,即使自由也未必会减少他对你的爱。当两个人都给予了对方充分的自由,真正的爱才萌芽。这时,两人之间的感觉就是前文中提到的共鸣。

只有鼓起勇气的人,才能实现爱情

阿德勒说,有勇气的人才是爱情里真正的伴侣。这

① 《朝向沙漠》。

样的人不怕失去爱情，他们更希望的，是能够丰富伴侣的人生。

在阿德勒眼中，“巩固爱情唯一的办法，就是学会丰富伴侣的人生，使他变得安宁而快乐”。[①]

请注意，阿德勒所说的，并不是要去丰富自己的人生。如果只考虑对方能否丰富自己的人生，只想从对方那里得到，这不能算作爱。

对于真正懂得爱的人来说，比起自己，他们更关心伴侣的幸福。这就是之前所描绘的共同体感觉。

阿德勒说，培养友情也是在为结婚做准备。[②]这是因为，人们能够通过建立友谊，来提升共同体感。

多思考自己能为对方做些什么，并通过自己来丰富对方的人生，这样就不必害怕会失去爱。懂得爱的人，一定希望对方获得幸福。当然，这并不意味着要为此而牺牲自己。

关于这一点，阿德勒是这样说的：

“在爱情中，当人们处于‘付出’的状态时才会成功，

---

① 出自阿德勒的演说。

② 《超越自卑》。

这就是恋爱和结婚的不变法则。”[①]

被爱的人是不害怕失去爱的。如果因为害怕失去爱而一味地迎合对方心意，这样的感情就不是爱。人们必须在恋人犯错时纠正他，不要考虑对方是否会因自己的言语生气，不要害怕对方讨厌自己。反之，无法做到这点的人，并没有拥有真正的爱。

爱首先是一种能力，然后还需要勇气加持。至此，如果你能够懂得爱的本质，并鼓起勇气去实现它，就一定能收获爱情带来的幸福。

---

① 《神经症问题》。

第四章

通往幸福的『爱的艺术』

为了丰富多彩地爱下去

在本书的第一章和第二章当中，我们思考了为什么爱情会走到尽头，也探讨了各种各样的问题。我们预想的是，只要将出现的问题反过来思考就行了。

但是，我们无法保证，当一段关系中出现的问题得到了解决，两个人就一定能和好如初。即使他们解决了当下的问题，却对今后的恋爱生活没有明确的规划，那么之后依旧会产生新的问题。

因此，为了规划爱的蓝图，在第三章中我们思考了什么是爱，并得出了一个结论：爱一个人，必须摆脱以自我为中心的心态，要为对方付出，以此构筑两个人互相共鸣的关系。

正如本书最初提到的那样，爱情中出现的，往往都是能力上的问题，甚至是艺术上的问题。在本章中，我们将基于之前的所有内容，具体思考该如何培养两个人的恋爱关系。

学会了方法和技巧，对于爱情的美好体验必定能让生活变得更加丰富多彩、富有价值，人们也一定能够通过获得爱情而变得更加幸福。

清楚地表达出来

首先，让我们来思考一下恋爱关系究竟是从何处萌芽的吧。

我曾被咨询过关于告白台词的问题：告白的时候能不能只说一句“我喜欢你”？我回答说，这样容易让对方只回答一句“是吗？”，之后对话便戛然而止。所以，你应当将自己的欲望表达得更清楚。

为什么单单一句“喜欢你”无法让表白顺利进行下去呢？虽然“喜欢你”这句话是你内心想法的叙述，同时也表达了你对他的心意，但这句话中没有包含你对他的任何看法。

有人觉得，即使不说得那么直白，但对方也会觉察到自己的心意，所以才会选择这种方式。

但一个人在表达自己的看法时，如果不直接说出来，对方是很难明白的。

比如，当一个人说“今天好热”，可能并不是单纯地指天气热，而是热得想开窗户，或者希望调低空调的温度。如果是洞察力强的人，也许立刻就能明白这句话的意图。他们会打开窗户，降低空调的温度。但人们不能总是盼望着有人来理解自己的弦外之音。

“肚子饿了”这句话也是一样。当一个人说自己肚子饿了，通常是在表达“能给我做点吃的吗？”或“能给我买点吃的吗？”的意思。但对方可能会回答“是啊……我也是”。这时，你也不能因此责怪对方。但如果不将意图清楚地说出口，别人很难领会。

当然，即使说出口，对方也未必会接受。但勇于表达自己的想法还是值得尝试的。

当我告诉这位咨询者，光是一句“我喜欢你”很难将告白顺利进行下去，他又问我：“那我可以问她‘你可以喜欢我吗’？”

的确，如果被人这样问，可以用“是”或“不是”来回答。比起刚才那种期待对方察觉自己心意的告白方式，要好多了吧。

但即使这么做，对方也不一定能回应你的心意。你可能会收到拒绝的回答，你也可能会被对方“讨厌”。

如果被对方“讨厌”的话，还是有一丝希望的。因为对方能这么说，代表着她至少与你有过一些关联和交流。与其说“我不认识你”，反而是“我讨厌你”表示两个人的关系还稍近一些。

当对方说“我讨厌你”，你可以问她：“那我怎样做才能让你不再讨厌我呢？”这不仅仅适用于告白，日常生活中，若是该传达的事没有传达清楚，那么原本能改善的部分也就难以改善。

当你陷入爱河，首先要考虑的，就是自己是否该向对方表白。不少人认为都错误地认为，恋爱是告白过后的附赠品，但其实并非如此。

两个人可能会在不了解彼此、不知晓彼此心意的情况下开始一段恋爱关系。可以说，很多恋人都是在交往之后才了解到彼此的想法，在最开始时，他们通常不明白对方心中所想。

朋友之间，总是不经意间觉得投缘，在一起会变得越发亲近。友情也好，恋爱也罢，从人际交往这点上来看，基本上没有太大区别。因此，我想恋爱也和交朋友是一个道理。

建立对等的关系

如前文所说，爱和尊敬是不能强求的。且不论爱的告白是否真的必要，如果一个人会因为告白的方式而犹豫再三，这说明他不认为对方理应回应自己的心意，这恰好证明了他是平等地看待两个人。

不知从什么时候开始，人们会忘记最初的纯真，认为被爱是理所当然的。即使争吵过后的两颗心隔得越来越远，他们对此也不会特别有危机感。这种人，与其说不会怀疑对方的爱，不如说是因为他们一直把对方看得比自己低，所以才深信对方的心意不会改变。

阿德勒说："只有在双方完全平等的基础上，才能圆满解决关于恋爱和婚姻方面的问题。"[①]

从十九世纪二十年代起，阿德勒就开始提出人际关系应当维持平等的观念。

很多人都认为人人平等的观念是理所当然的。但实际上，只有很少一部分人能够建立起平等的婚恋关系。很多人嘴上说着"平等"，也可能只是没有注意到，自己

---

① 《阿德勒心理学讲义》。

在多数情况下都把对方看得比自己低，他们并没有做到平等地去对待爱人。

当一个人意识到自己还没有和对方建立起对等关系的时候，这份关系还是能够被改变的。但如果这个人完全没有意识到自己把地位摆得比对方的高很多，这份关系就很难得到改善。因为他甚至没有察觉到改变的必要性。

如果当下和某个人的关系进行得不顺利，就有必要重新建立起对等的关系。

关心对方

究竟什么样的关系才能称得上对等关系？这样的关系应当如何建立？

首先，要关心对方。阿德勒认为，比起自己，人们应该更关心他人，这是恋爱和婚姻幸福的唯一基础。当人们把关心更多地倾注在恋人身上的时候，两个人之间就已经建立起了对等关系。[①]

---

① 《超越自卑》。

如第一章所示，那些恋爱不顺利的人，往往都是只关心自己、不关心对方的人。若用第三章的观点来表达，他们就是那些无法摆脱自我中心性的人。

“关心”的英文是“interest”，interest 是由拉丁语词汇 inter esse[①] 演变而来的，意为“在……之间”。也就是说，“关心”指的是两个人之间存在关联性。

有的人对这个世界上发生的事情完全不感兴趣。例如，那些对政治漠不关心的人，认为自己和政治“之间”没有任何关系，政治并不会对自己的人生产生什么影响。

在人际交往方面也是一样。如果认为对方无论发生什么事情都与自己无关，就代表你对他不感兴趣。有的人即使与伴侣的关系陷入僵局，也会认为事不关己。

有时，一个人确实在关心对方，但如果这种关心是出于某种目的才去付出的，那么，他本质上关注的还是自己。比如说，当你一边关心一个人，一边想着“和他搞好关系会对自己有好处”，你就不是真的在关心他，而只是在关注自己罢了。这种人只是把他人当作一种可以

① est 是 esse 的第三人称单数形式。

利用的手段来看待，当他们意识到对方对自己不能带来益处的时候，便会切断这份关系。

有一种情况叫作“关心对方的关心”，这是一种理想中的交往形式。在此情况下，人们会暂且将对自己的关心放在一旁，把所有的注意力都放在对方身上。

这种面向他人的关心就是阿德勒所谓“共同体感觉”。共同体感觉是需要慢慢培养的。如果一个人以往的生活方式都是以自我为中心，要在立刻改变就并非易事。因此，有些人即使知道自己的恋爱进展得不够顺利，但在他们看来，若要让自己改掉已成习惯的生活方式，还不如选择放弃。

思考自己能做什么

习惯以自我为中心的人，对他人是漠不关心的，他们只会考虑对方能为自己做些什么。他们无法理解，对方并非是为了满足他们的需要而活着的。

然而，所谓爱对方，是要关心对方，要考虑自己能够为对方做些什么，然后为对方做一些力所能及之事。

这时，重点就不再是对方能为自己做些什么。如果你向他要求“我为你做了这么多，请以同样的分量归还给我”，那么这段感情就不再是爱，而是变成了一场交易。在恋爱中执着相互付出是非常奇怪的。

时时刻刻关心对方

在恋爱过程中，对彼此的关心不是暂时性的，而是一直持续着的。

有的人，在刚开始恋爱时，日夜思念着自己喜欢的人。可一旦确认了对方的爱，这份关心就会骤然冷却。这样的人，往往只是想要征服和拥有对方。换个角度来看，保持对彼此的不间断的关心，是维持爱情的基本条件。

的确，如果人们长时间待在一起，难以像最初那般互相关心。然而，即使达不到交往初期那般热烈，人们也能通过细水长流的关怀来培养爱情。

对于前文中提到的那些想要征服对方，却又不自觉地看低对方的人来说，他们的爱其实是无比自私的。他们不愿承认自己根本不在乎对方这一事实，因此，他们不分昼夜地想念着对方，以此彰显自己的“深爱”之情。

对方超出了自己的理解范围

一个人对恋人不再产生兴趣的理由之一，是他坚定地认为自己非常了解对方。

首先，当一个人在爱另一个人时，不得不产生“共鸣”。不通过共鸣，而仅仅用自己的标准去看待对方的人，是无法理解对方的。这个标准，有时指的是常识。有的人认为“从常识上来考虑，对方大概是这么想的”，他们通过这种方式来解释对方的言行，认为自己能够因此理解他们。但事实是，即使以通常标准去衡量一个人，也很难真正了解这个人的内心想法。

“理解”在法语中叫作 comprendre，释义为“包容”。意思是说，当你试图去理解一个人，需要将对方包容进自己理解的框架当中。但在实际情况中，对方一定会超出自己的理解范围。即使你们关系亲密，即使你们深爱着彼此，也不可能做到完全理解对方。

很多人来咨询有关孩子的问题，这些父母大多会说：“孩子的事，作为父母的我们最清楚。”但每当我听到父母的这类言辞，都会不禁思考，如果他们真正理解孩子的话，孩子应该不会成为问题才对。

况且，如果恋人告诉你“我对你了解得一清二楚”，你真的会感到高兴吗？你会不会心想“怎么可能”，然后反驳他呢？

问题并不在于人们无法理解对方，而是有的人明明做不到相互理解这件事，却深信自己做得到。问题在于，明明对方还有着自己不了解的部分，人们却故意将目光避开。

人们难以相互理解

在交往时，与其相信人们能够互相理解，不如认为人们无法相互理解更加安全。因为，理解他人本来就是一件不可能的事。若以此前提，更为慎重地进行交往是一件好事。

如果一个人认为自己能够理解对方，就会通过自己的想法进行判断，比如“这个人应该和我想的一样”“从常识上来说，对方应该是这样想的”，然后通过这些判断去理解他人。

确实，当一个人主动想要了解他人，一定会拿自己的标准去衡量对方的言行，试图增加对对方的了解。

当然，也别无他法。然而，由于你们始终不是同一个人，所以认为人与人能真正做到相互理解，完全只是误判。

人们不可能在所有事情上都做到互相理解。在此前提下，阿德勒认为，应该用他人的眼睛看，用他人的耳朵听，用他人的心去感受。他表示，相互共鸣非常重要，人们应当站在对方的立场上去考虑问题。

即使经历了长时间的交往，也可能觉得自己并不了解对方，可能不明白对方是如何理解自己的想法的。

这种时候，最好的办法就是直接询问对方。你可以问他某件事究竟是怎么回事，或者问对方能否接受某种表达方式："你觉得我刚刚说得怎么样？"

每当我在课堂上讲到这个部分的时候，总有学生抱怨太麻烦。没错，这的确很麻烦。但是，当你懈怠了那些为理解对方做出的努力时，往往会发现，许多你认为明白的事情事实上并不明白，许多你想被理解的地方事实上也没有得到理解。这样的状况层出不穷，最终会危及彼此的关系。只要不断和对方互相确认，两个人的关系一定会迈向光明。因此，不能嫌麻烦。

想法不同的时候

有时，好不容易努力理解了对方的想法，也可能无法接纳。相对地，有时对方也理解不了自己的想法，或者对虽然理解但依然站在反对的立场。这样一来，人们就难以冷静，变得感情用事。

阿德勒说："如果男人或女人的其中一方，计划在婚后征服对方，结局将会是致命的。"[①]

这个道理其实不仅适用于婚后的生活。在交往过程中，两个人哪怕最初没有试图去征服对方，随着关系的逐渐加深，他们或许会发现对方身上存在着自己无论如何也难以接受的价值观。

这时，如果某一方或双方都开始感情用事，就会为了让对方认可自己的想法而不断争吵。

有趣的是，阿德勒在这里表述为"男人或女人的其中一方"试图征服对方。而实际上，在许多伴侣关系中，都是女性站在征服的一方。

那么，这样的人，是如何征服对方，让对方接受自

---

① 《阿德勒心理学讲义》。

己的想法的呢？

首先，我们来分析一下那些利用愤怒情绪支配对方的人。

通过愤怒情绪去支配的人通常认为，发泄愤怒就能让他人接受自己的想法。但如果只是为了达到这样的目的，其实没有发泄愤怒的必要，只需通过语言恳求对方就可以了。当然，用语言恳求有被对方拒绝的可能；但利用愤怒的情绪，对方也未必就能接受。即使接受了你的请求，对方的内心也不是舒畅愉快的。他们或许是出于害怕，又或许是为了逃离当时那个状况，才不得已点头同意。

虽然用语言来表达想法略显麻烦，但如果片面地为了追求速效性，而利用起愤怒情绪去处理问题，其副作用会更大。

接下来，我们来分析一下那些利用悲伤情绪来支配对方的人。

阿德勒说："对于悲伤的人来说，他们心中产生的那种自己的地位被抬高的感觉，是通过周围人的态度得到的。一个人在悲伤时，通常会受到同情、支持或是主动关心，这些都会让他们感到轻松。但当他们哭泣、叹息、情绪爆发的时候，会开始对周围的人发起攻击，他们将变成控诉者、法官和批判家，这让他们感觉到自己的地

工作。这时，你应该不会任由他想怎么做就怎么做，如果可能，你甚至会希望他改变一下想法吧。但如果此时用了不恰当的谈话方式，将对两个人的关系产生巨大影响。

很显然，这项决定可能会让整个家庭都陷入麻烦当中。就算这只是发生在恋爱阶段，也会给两个人的未来投下阴影。但归根结底，是否辞职应由本人决定，其他人不该插手。

因此，在伴侣辞职一事上，你可以表达自己的意见，却不能直接要求他放弃这个想法。如果一开始你就不停地劝诫，这段谈话可能很难持续。并且，如果你直接表达反对意见，对方也会因此变得较真起来。

在商量这种事情时，你必须知道，理解对方和赞成对方不是一回事。也许你做不到赞成对方，但你首先要理解他的想法，至少摆出愿意去理解的姿态。

一个人做出辞职这样的重大决断，多多少少会有犹豫。他找你商量这件事情，不一定是先斩后奏，也许是正在征求你的意见，或者他希望你能阻止他。尽管如此，如果不从最开始认真聆听对方的想法，就可能导致他们的态度变得生硬。

首先，你必须清楚，在一些事情上你可以发表自己的意见，但在有些事情上不能。当不能表达自己的意见时，你所能做的，只有去问问他辞去工作后有没有什么困难，或者有没有找到好的办法解决。如果你这么问他，他可能会明白辞职是不现实的，而因此打消这个念头。但如果不去和他谈一谈，就很难改变他的想法。说起来，我们也并不清楚他辞职后会不会感到为难。也许他已经计划好下一步的人生规划，也许他此刻正因为工作感到疲惫不堪。如果事实如此，经过双方商量，最终也可能觉得辞职其实是好事。

其次，一定不要将话题牵扯到对方的工作方式上。也许你的初衷是想让对方在考虑辞职前试着更加努力地工作，但是当你谈论到他的工作方式，就算被说中，他也只会觉得自己被批评了，因而更加坚定了辞职的决心。

最后，谈话时千万不要责怪对方。首先，你要努力倾听和理解对方的想法。正如之前提到的，理解和赞成是两码事，很多时候，人们即使能够理解但也做不到赞同。重要的是，你要让他明白，自己正在用耳朵倾听他的想法，并尝试着用心去理解他。如果他放心地认为你不会打断他的倾诉，也不会批评自己，就会产生主动倾诉的想法。

如果你从一开始就采取不愿理解、也懒得过问的态度，那么，即使对方放弃了辞职的决定，经济上也不会出现隐患，你和他的关系今后还是会走下坡路。

人们并不是为了工作而活着。人们是为了活着，为了幸福地活着而工作。当然，从这个角度来说，确实存在着现实方面的问题，但如果心不甘情不愿地去工作，就相当于赔了夫人又折兵，两个人的生活也没有幸福可言。

像这样的深度谈话开展多少次都可以。因为人们不会轻易地改变想法。即使通过谈话，知道了自己的想法是错误的，他们也有可能不愿承认错误。

如果商量过一次，却没有得出最终结论，可以在下次聊天的时候，再次引出这个话题。整个过程中，重要的是两个人可以为了解决问题携手合作。无论以何种形式，如果形成了互相扶持着解决问题的氛围，对于今后两个人的人生来说，都将会是一次宝贵的经验。

从权力斗争中退出

在双方意见相左时，人们可能会坚持自己的立场，批评对方的想法，还会试图让对方采纳自己的意见。这宛如一场权力的斗争。

但事实上，两个人之间的矛盾，最终还是需要通过两个人的合作来解决。如果因为争执而导致关系恶化，则需要优先修复和对方的关系。关系不好就没有办法去合作解决问题。最重要的，是让问题圆满解决，而不是为了证明谁是谁非。如果一味地想证明自己的观点更为正确，双方就无法将意见联系到解决问题上去，这会妨碍问题的解决。

即使你在这场权力的斗争中获胜，对方也许会开始寻找复仇的机会。这样一来，解决问题就会变得困难重重。所以两个人必须在问题激化到权力斗争之前，就主动从这段辩论中退出。

争吵不是一种向对方撒娇的方式

有些人的关系看起来越吵越融洽，真相却并非如此。正如前文中阿德勒所说，愤怒是一种让人与人分离的情绪，所有人在争吵中都会触动愤怒的情绪，因此，争吵必定会拉开两人之间的距离。为了促进关系良好发展，人们完全没有吵架的必要。

地铁里，总有高中生情侣说出这样的话。

男生说："刚开始交往时你还挺乖巧的，没想到现在把我管得严严实实的。"

女生回答："这是因为我任性呀。既然你都知道我这么任性了，那还有什么关系。"

其实，这么做到底有没有关系，应该由这个男生去判断。可这时，女生虽然知道自己任性傲慢，却没有察觉到这会损害和男友之间的关系，所以没有改变对男友的态度。

的确，我不认为两个人在交往之后，一定要保持最初那样故作温顺的样子，但倘若关系亲密之后态度就立刻来了个三百六十度的大转变，同样是不可取的。随着关系的逐渐亲密，这个女生一定会越来越口无遮拦，还可能经常说出一些无理取闹的话，甚至变得执拗、易怒。

但遗憾的是，我不能保证这个男生一定会原谅女友的任性。当刚开始交往时，男生也许觉得女友的任性十分可爱，也很开心地想去满足她的任性。但不久之后，如果女方把任性当作理所当然，这时男生就会开始厌烦。

之后，两个人开始争吵。争吵到激烈的时候可能还会动手。即使没有到这个地步，但两个人在愤怒状态下向彼此说的话也是一种暴力。

无论吵得多厉害，但只要掌握了和好的方法，两个人都可能马上让关系修复如初。但这并不代表这段关系能够继续维持下去。

如果说，两个人在争吵之后能和好如初，或者说关系越吵越好，其实都只是恋爱双方在恃宠而骄。但倘若不断以此来蒙混过关，这段关系终有一天将会走向终结。

摆脱愤怒的情绪

曾经有人这样问我："我经常会不自觉地发起火来，而且我和恋人之间进展得也不顺利。怎样才能压制住我心中的愤怒呢？"其实，这样的人并不是像他口中说的会不自觉地愤怒，他们只是出于某种目的产生了愤怒的情绪。当他们察觉到这个目的，就会明白，可以换一种不发怒的方式来表达自己。

如前所述，有些人在希望别人做些什么的时候，会用愤怒的方式来表达。他们将愤怒当作控制他人的一种手段。他们认为只要自己生气了，对方一定会乖乖听话。

殊不知，即使想要通过愤怒来控制对方，对方也未必会爽快地接受。

倘若某个人的言行让你受伤、愤怒，你可以直接告诉他："你刚刚的说话方式伤害了我。"传达这份想法，是不需要包含任何愤怒情绪的。

坦诚相待

我还接受过一些咨询，这些当事人无法与人坦诚相待。他告诉我，由于自己不够坦率，经常和恋人吵架，想让我教他如何改变。事实上，与其说他们无法坦率待人，不如说他们决心不去坦率。

一些人明知自己做错了事，却做不到坦率道歉，因为他们认为道歉就等于服输。但在爱情里，就算输了也没多大关系，不是吗？如上文所见，争吵并不能代表两个人的关系变好。当恋人争吵时，这份爱情其实在慢慢消逝。培养一段关系需要时间的积累，但破坏这段关系却只需一瞬间的工夫。

当然，争吵过后也不是没有机会将关系修复如初。如有必要，在事情严重到无法挽回之前，人们必须坦率地向对方道歉。

争吵中的两个人，可能并不知道该如何确认他们之间的牵绊。我儿子五岁那年，某天，我因为一些事情冲妻子大喊了一声。这时，身旁的儿子对我说："你这么生气，妈妈还会喜欢你吗？如果妈妈因此不喜欢你了该怎么办？"他话音刚落，我们便停止了争吵。光是能和爱的人待在一起，我就已经满心感激了。如果像我这样，平时很少能和家人待在一起，就更不能浪费宝贵的时间用来争吵。

打破沉默

有的人想利用各种情绪将自己的想法强加于人；也有人因为害怕与人起争执，即使有不同的想法，却什么都说不出口。如果两人的想法明明存在分歧，但双方都不愿明确地表达出来，这样在表面上保持良好关系，却在深处埋下了隐患，某天一样会因为某个契机而导致关系破裂。

这样的人，其实是懒得跟人合作一起解决问题。他们觉得，即使不说出自己的感觉和想法，对方也应该明白。当他们的想法没能顺利传达，就会怒上心头。

但是，人类是没有心灵感应的。长远来看，如果总是不主张自己的看法，一定会导致关系的恶化。

同理，即使两个人互相爱着对方，如果不说出口，就什么也无法传达。如果还没有开始交往，就更应该把自己的想法用语言表达出来。当你决定将心意传达出去，不要试图去投出变幻莫测的变化球，而应该把一颗直线球坦率地投给对方。

什么叫作良好的沟通

我们知道，爱情是一个“流动”的过程。为了不让爱河枯竭，恋人之间要建立平等的交往关系，并对彼此付出关心。在此基础上，还需要思考二人意见冲突时的解决办法。

当然，日常生活中两个人也要和对方展开良好沟通，建立起稳定的关系。只有当两个人之间沟通顺畅，双方才能体会到自己对对方的喜欢，并从中感受到爱。并不是有爱就能沟通融洽。如果沟通不好，或者发生争吵，那么在那一瞬间，二人之间就失去了爱的情感。

所谓要进行良好的沟通，不仅是指能跟人口齿流利地交流。最重要的是，要感觉得到自己可以在对方面前保持自然真实的自己。

如果刻意想表现自己，那么与人的交流就会产生困难。有的人会精心挑选话题，努力让自己看起来更棒，但这种努力是无法长久的。

另外，很多人认为，在人生中必须不断与他人竞争，并在竞争中取胜。为了在竞争中获胜，就必须在某种程度上证明自己相对优秀。也就是说，必须在人前逞强，从而使自己看起来更强大。但如果你发现，自己在某个人面前不逞强也无所谓，就会感到异常轻松，同时也会喜欢上这个会让你产生如此感觉的人。

保持心情愉悦

和性情平和且总能保持良好心情的人在一起，会变得快乐，因为他们不需要刻意在这些人面前表现自己。

相反，虽然有些人在外人面前摆出一副心情舒畅、和蔼可亲的面孔，但当他们走到了亲近的人面前，会变得满脸不高兴。这样的人在外面表现友好，一回到家就变得蛮横无理。这是一种任性的撒娇。

如果能在外人面前表现得心情舒畅，那么在亲近的人面前也应该保持。和愤怒的感情一样，人的情绪并非是自己无法控制的。人们会根据当时的情况，决定要保持好心情还是不高兴。

在不同场合持不同态度的人，在感到不高兴的时候，看待周围的人就像对待肿瘤。他们从小就学会以不开心的情绪去支配他人，直到现在，他们也依旧利用这些情绪来控制周围人。

如果和伴侣待在一起时心情低落，一定不要对对方撒娇。如果在工作中能够以愉悦的心情示人（当然，如果不这样的话就无法完成工作），那么他也应该对伴侣这么做。就算心情特别糟糕，也应该将对方当作工作中的另一位访客来对待才对。

相反，当伴侣情绪低落的时候，让他或她在自己面前能够丢下包袱、放松警惕。这样的话，很多不愉快都能烟消云散。

满怀信心就能避免妒忌

在恋爱初期，人们通常都是兴致勃勃地度过的，但不知从何时开始，两个人的心情开始变得低落，争吵变成了他们的日常。引发这个结果的导火线之一，就是妒忌。我们在前面的章节中曾经讨论过嫉妒情绪中的哪些方面存在问题。简单来说，要想停止嫉妒，必须对自己满怀信心。一个自信的人面对喜欢的人和其他人互有好感，他们丝毫不会退缩。

借用三木清的观点，所谓自信，就是要充分理解自己的个性。他说："越是个性鲜明的人越不会心生妒忌。"[①]

你就是你，没必要拿自己和他人比较。如前文所述，失恋的痛苦在于，人们意识到自己不是对方唯一的选择。但倘若你认为对方爱上的是自己独一无二的"个性"，就不会产生嫉妒的情绪。只要自信地去面对恋人，对方就一定不会移情别恋。

对于害怕被抛弃的人来说，当他们发现对方开始疏离自己，会态度强硬地责备对方。可这样做，实际上是在逼对方离开。

如果不希望对方离开，就不能心生嫉妒。因此，保持自信是非常重要的。没有自信的人在对方离开以后，会莫名地认为，自己很难得到他人的喜爱。建立自信的

---

① 《人生论笔记》。

出发点，在于敢于承认自己的个性，并且接受它。

珍惜眼前的人

当然，即使做到了以上那些，对方的关注也有可能不会停留在自己身上，而是会转向他人。

如果发生了这样的情况，你必须开始考虑自己今后该怎么做。如果想要继续维持这段关系，就应当暂时将他变心的事实放到一边，下定决心和眼前的人继续交往下去。

不过，你无法决定对方是否会选择你。

请想象一个三角形，以此来类比，在一段恋爱关系中，男友有意离开。在这种情况下，你能够努力改变的，唯有自己和男友之间的关系。如果你和他喜欢的另一个女性打过交道，那么你们之间也能有所关联。但你无法进入他们两个人的世界中去，你对此也无能为力。

如果把这名女性约出来见面，并要求她和男友分手，这实际上也是很难做到的。你所能做的，并不是去管理他与她的关系，而是好好巩固自己和男友之间的感情。

即使责怪对方变心，要求对方只专注自己一人，这份爱也强迫不来。人们用这些方式证明自己是正确的，但倘若因此导致了对方的离开，结果就得不偿失。如果当下还能和对方共度一些时光，那些一味责备对方的人，就忽略了当下一起度过的这个重要时刻。如果在这样重要的时刻里，双方互相仇视，那么好不容易待在一起的两个人，就已然沦为陌生人。就像在第一章中回想起早期记忆的那位男性一样，明明面前没有竞争对手，他却在现实中通过想象来创造出竞争对手，并与之为敌，让抑制不住的怒火在内心中燃烧，从而心生妒忌。

如果不去考虑现实和假想的对手，当下和恋人待在一起，最重要的就是要努力珍惜眼前人。如果和你在一起，他就算不努力表现也能感到轻松与舒适，那么极有可能他还会选择你。对方选择自己与否由他所决定，因此人们能做的，唯有珍惜和恋人在一起的时光。

拥有“专注力”

不管对手是否存在，不管他们是虚拟的还是真实的，为了更好地维系两人的关系，用弗洛姆的语言来说，人们应当拥有“专注力”。

他告诉我们：“所谓专注力，就是要倾尽所有活在当下。”[①]

不用说，最需要掌握专注力的，就是相爱的人们。明明待在一起，却被其他人或事夺走了兴趣，这就不能称得上专注于当下。

专注力在独处时也是必要的。

弗洛姆说：“能够专注精力，就意味着能够一个人独处。能做到一个人独处，是爱一个人的必要条件。”[②]

如果一个人做不到独处，那么一旦身边的人离开自己，他就会感到不安，他和对方就形成了一种依赖关系，而不是自立的友爱关系。能够独立生活的人，就算只剩下自己也可以淡然处之。只有这样的人，才能享受两个人在一起的时光。因为，他和别人在一起时，也能做到像独处时那样，将精力全部集中在“当下”。

活在“当下”

在学生时代，我曾碰见过这样的场景：一对情侣来到

---

① 《爱的艺术》。
② 出处同上。

咖啡厅，刚一入座，就忙着阅读各自手中的漫画。见此情景，我大吃一惊。换成现在，这就如同两人各种用智能手机和别人互发短信。

村上春树在“村上广播”里说过这样的故事：

曾经有位叫艾玛·蔻根（Alma Cogan）的英国流行歌手。此人演唱了一首名为《晶体管收音机》（*Pocket Transistor*）的歌曲，这首歌在日本也很受欢迎。歌词的大意是：“他每晚会来见我，因为我有一个小小的晶体管收音机，能够收听热门的抒情歌曲。”后来，两人结婚，歌词就变成了“老了以后也一起听音乐吧”。

提到晶体管收音机，年轻人可能不太有感触，它是立式大型收音机还处于市场主流的年代里，推出的一款口袋大小、能够随身携带的小型广播收音机。这首歌里唱道“他为了听广播来与我会面”，但男性赶来的原因，当然不是纯粹的收听广播，而是为了享受二人在一起的时光。

情侣刚开始交往时，不管谈论什么，哪怕一句话都不说，只要能在一起，两个人就会满心欢喜。如果现阶段的感情磕磕绊绊，情侣们只需找回当初在同一时间里共享的喜悦，两个人就可以永远在一起。那么，我们究竟该和恋人谈论什么样的内容呢？

答案是，什么都可以。当然，也有一些话题最好能够避开。比如，最好不要谈论到关于前任的话题。即使有人乐意谈论前任，但如果对方不想听，就最好打消这个念头。

如果想聊天，不如聊一聊两个人的当下吧。正如前文中提到的，最重要的是珍惜两个人当下在一起的事实。两个人好不容易走到一起，却非要谈论那些过去的话题，未免可惜。另外，关于对今后该怎么度过等话题，当下也不要多作谈论。

让一段关系长期维持下去，并不是一个目标，而是一种结果。如果两个人珍惜活在当下，不将种种过往以及未来的计划放在心上，那么，他们的关系也会比较稳定。

对于刚开始交往的两个人来说，由于认识的时间不长，共同拥有的回忆还不多。若你清楚地记得过去的事，并逐一细数，这并不是一个促进关系升温的好办法。

那些执着于过去的人可能很难相信，如果能忘记过往发生的种种，或者说，只有忘记过去，才能更加专注于"当下"。

当然，虽说是活在"当下"，但二人共同经历的记忆，并不会从指缝间溜走。如果能真正专注于此时此刻，就能回想起那天从见面到分别时两个人谈论过的所有话题。这是因为两个人共同度过的是“被激活的时间”，整个过程中都伴随着喜悦。

有时，由于生病受伤等，日常生活会变得苦闷难挨。这时可能哪儿都去不了，但只要能和喜欢的人待在一起，就能够收获喜悦。

当然，没有人想要生病，也没必要特地生病。但这种经验让人们明白，和对方在一起并不是理所当然的事，这会推动两人的关系稳步向前。

维持远距离恋爱的秘诀

倘若人们能愉悦地共度“当下”，那么这段关系最终会长长久久。但也存在例外，有时两个人都知道在一起不易，也能因为共度的时光而感到快乐，但他们的交往并不顺利。这种情况尤其多见于异地恋。

身处两地的恋人们很难做到随时随地见面。正因为如此，他们待在一起的时候会感到非常开心，但出乎意料的是，很多人都会问我：怎样才能将远距离恋爱维持下去呢?

当人们刚分开不久，会互相打电话、发短信，就算不能见面，也会努力维持关系。人们认为就算隔着距离也没关系，因此在心中产生了一种安全感。虽然也会努力创造见面的机会，但工作一忙，两个人会变得和最初不同，见了面会感到格外生分。这样下去，终究会出现一方或双方都因为无法见面开始感到不满。于是，两个人不再为久违的见面感到开心，而是开始讨论究竟何时才能住到一起。但现实是，我们很难下定决心同居或结婚。如果某一方必须为此辞去工作，情况将更复杂。一旦发生这样的状况，两个人的心就会渐行渐远。

因为上述原因，人们都觉得异地恋困难重重。但两个人各自生活，并不一定是导致这段关系走向下坡的原因。实际上，人们只是将“异地恋”当成了关系无法顺利走下去的借口。

其实，异地恋并不难，无论人们是否处在远距离恋爱当中，重要的都应该是尽情享受见面相处的时光，不要去考虑下次见面的事情。共同度过一段充实的时间，燃尽自己的热情，二人就会忘记去约定下一次的会面。

像活在当下的两个人，没有必要刻意追求“下次”，因为他们一定会再次相见。反之，如果人们在当天的会面中没能完全地释放自己，就会计划着弥补这份不充实的感觉。他们坚信，如果没有约定好下次见面就离开，就很难再见到对方了。但对于这样的两个人来说，未必会有“下一次”。

在学生时代，谈恋爱可以无忧无虑，完全不考虑未来的方向。但毕业后，一旦一个人留在现居地工作，另一个人回到家乡，两个人就不得不开始为未来做打算。在考虑这些问题的时候，两个人之间也许会产生暂时的摩擦。但只要他们愿意共同努力解决这道难题，两个人之间的联系就只会增强，不会减弱。

把每次见面都当作初见

交往的时间一长，恋爱双方的措辞就会变得不够礼貌，还会跟对方任性撒娇。然而，人们也可以试着保持刚开始交往时的初心。

为了不忘初心，一定不能因为关系亲近而忘了礼貌。试着将每次见面都当作初次见面吧，大家都专注于对方。也许，上一次对方说了一些让你反感的话，但这并不意味着今天见到的他会继续这么做。你应该抱着这样的想法，像初次见到他那样开启一天的生活。

人总是处在不断变化之中的。今日眼前的人，必然不同于昨日。如果把每次见面都当作和对方的初见，那么两个人一起度过的时间就变成“被激活的时间”。今天不是昨天的重复，明天也不是今天的延续。

虽然，有人认为这种方式是无效的，但为了改善关系，稍稍做出这样的努力也未尝不可。爱是流动的。不断为爱而努力，本来就是乐事一件。

回到未当“父母”的时候

对于有了孩子的夫妻来说，很难做到不忘初心，也很难将同对方的会面当作初次相遇。

孩子出生后，夫妻双方就开始以孩子为中心来看待对方，还会互相称呼对方为“爸爸”和“妈妈”。这样一来，就无法产生“今天是我第一次和这个人见面”的想法。

为了找回初相遇时的那份心情，夫妻之间首先要改掉“爸爸”和“妈妈”这样的称呼，还是以孩子出生前的称呼来呼唤对方。其次，时不时将孩子托给他人照看，创造一些夫妻独处的时间。在这个时间里，聊天的话题不再围绕着孩子，不要思考“那件衣服很适合孩子”之类的事。重要的是，不能在心理上继续关注孩子。

如果能做到这些，就可以找回当初结婚时的初心。如前文所说，结婚是生活，不是仪式。但有些时候，享受一下仪式感，会成为无趣的婚姻生活的调剂。如果你想维持良好的关系，一定不能执着于过去。我父亲晚年患有老年痴呆症，把至今为止的所作所为都忘得一干二净。有一天，父亲竟然对我说：“对于已经忘却的事情，人是无能为力的。如果可能，我想重新再来一遍。”过去，我曾和父亲发生过各种各样的矛盾，我难以忘却，因为我不想和他搞好关系。最终，是父亲教会我，放手也是一种能够让关系变好的诀窍。

经过长时间的交往或者结婚一段时间之后，两人的关系必然会发生改变。当一段关系中出现问题，双方不应该揪着问题不放，只要其中一方下定决心从头开始，关系就会逐渐好转。

勿忘惊讶

前文中提到，恋爱是从惊讶的情绪开始的。可随着人们相处的时间变长，人们之间变得越来越熟悉，这份惊讶可能会逐渐消失。一起的时候，即使不说话也能知道对方在想什么。当然，从这个意义上来说，我们并不认为失去惊讶是一件坏事。如果无须语言就能将自己的感受和想法完全传达给对方，这样的关系简直绝妙。

但实际上，这是很难做到的。所以，重要的是好好用语言传达自己的想法，不随意解读对方的心意。在交往初期，人们常常因为发现了对方的不同之处而感到吃惊。为了让感情升温，也为了理解对方做出了许多努力。反过来说，所谓失去惊讶，是人们认为对方已经变得和自己一样，也就不再努力去了解对方，不再努力改善关系。

但如果没有惊讶，两个人在一起也会索然无趣。人们应当关注对方的言行，慎重选择自己说话时的措辞，在每次发觉二人有不同的见解和感受时都感到吃惊，努力找回初心。这样一来，无论在一起多少年，都能维持最初的新鲜感。

摘下面具

为了找回认识之初的那种惊讶，双方都要摘下面具。

面具的拉丁语是“Persona”，而英语中的“人（Person）”源于“Persona”这个词。意思就是，人都是戴着面具活着的。

摘下面具需要很大的勇气。如果作为某个角色活着，就能明确了解人们对这个角色有怎样的期待。但如果摘掉面具，人们马上就会变得不知所措起来。以前，照顾父亲的时候，常来家里的护士曾说过一句话，让我印象颇深：“当我穿上这身白衣，即使在病人家里被骂了，也能忍下去。”

事实的确如此。护士尚可脱下白衣，但照顾病人的家人就不同了。对家人来说，照顾病人并不是工作，而是义务。与工作中戴的面具不同，在夫妻、家人的相处中，即使和对方的关系不好，也无法一直戴着面具。因此我认为，在和家人、恋人相处时，要么摘下面具，要么从一开始就不戴面具。我们应该作为一个人，而非一个角色，真诚地与家人、恋人相处。

记得有一天，父亲对我说：“你平常给客户做的心理咨询，也给我做做吧。”本来，家人之间是很难进行心理咨询工作的。如果双方有利害关系，即使被咨询的一方给出了适当的建议，也会被怀疑是出于对自身有利的目的。所以这种情况下给出的建议常常无法被人接受。可既然父亲提出了，我也不该拒绝，所以我经常和父亲见面、谈心。借此，父亲和我摘下面具，进行了真诚的对话。我和父亲原本关系一般，但这件事拉近了我们之间的距离。

夫妻间也是一样。通过摘下“丈夫”或“妻子”这个面具，清楚地看到对方身上不同的一面。两个人就会变得像相识之初一样，生活里也会再次充满惊讶吧。

尊重真实的你

恋爱也好，结婚也罢，只有好的关系才能给人带来幸福。那么，好的关系应该具备哪些要素呢？

首先，是尊重。尊重的英语是“respect”。源自拉丁语中的“respicio”一词，有着“看”的意思。

弗洛姆说，尊敬是“看到人最真实的姿态，并理解每一个人都是独一无二的存在实体的能力”。[①]

只有在找到尊重的理由时，才尊重对方，这并不是

① 《爱的艺术》。

真正的尊重。比如，爱一个人，就是不需要理由的。也许有人会说，喜欢一个人，是因为有喜欢的理由。但如前文所述，喜欢上一个人的理由，也可能会成为与这个人分手的理由。看中对方外表、容貌的人，必须做好思想准备，因为容貌会随着年龄的增长而逐渐衰退。

按照条件去选择对象的人，有可能会喜欢上学历高、收入高等条件优越的人。尊重对方的人会把对方当作独一无二的人，而不是爱上对方的条件。

弗洛姆还说过，尊重是“希望爱人以他自己的方式、为了他自己去成长，而不是为了‘我’”。

而那些只关心自己的人，会希望对方按照自己的意愿去改变，这就相当于把对方视作“属于自己的自由的对象”。[①] 即使是我们所爱之人，也不是为了满足我们的意愿而活着的。

所谓“尊重”，是不管有没有困难、是否身患疾病，也不管他的理想与我有何不同，都愿意把对方当作自己生命中的重要存在，并决心与之交往。

---

① 《爱的艺术》。

无条件的相信

一段良好的关系应具备的第二个要素，是信任。如果对另一半有所怀疑，会无论如何都想找到所谓真相。然而，不停地以“你在说谎吧”这种方式追问对方，只会逼走对方，最终自己也将一无所获。

我经常告诫学生，有一句话，男生绝对不能说，那就是“你不相信我吗”。人之所以会说这句话，是为了抢占对话中的高地。无论对方说的对还是错，这个人都会变得更加强势。

在人际关系中，应该无条件地相信对方。或者说，在没有条件的时候，才更加需要信任。

有的孩子，每次考试前都不复习、成绩也不好，他们即使说“下次努力”，父母也不会相信他了；听到每次减肥都失败的朋友说“明天就开始减肥”，你大概会讽刺他“这句话我都听腻了”。但正是这种时候，才应该说一声“加油”。那些说着“我明明很信任你”的人，其实从一开始就没有信任过你。

如果有一个人，无论何时都能毫不犹豫地信任别人，那么他永远不会被背叛。因此，为了维系良好的关系，无论何时何地，都请无条件地信任对方吧。

相信对方有解决问题的能力

谈到信任，我们到底要相信对方的什么呢？其中很重要的一点，就是要相信对方有解决问题的能力。

无论是交往中，还是结婚后，有很多问题只有对方才能解决。不能先入为主地认为对方肯定做不到。比如，听到对方说“想辞职”，肯定会有些惊慌失措。但到底是继续工作还是辞职，最终只能由对方自己去选择，而不是我们说了算。

当然，辞职或者工作上的变动必定会影响生活，所以两个人应该对此进行一定的沟通。但插手这种问题正是不信任对方的表现。相信对方有解决问题的能力，就意味着即使对方陷入困境，我们也无须多做什么。

实际上，有时候我们也做不了什么。比如，对方生病时，我们痛苦地看着他与病魔抗争，但我们终究无法代替对方去经历这些。既然什么也做不了，那就一定要相信对方有勇气自己面对问题。

相信对方的出发点是好的

如果明显感受到恶意后仍想改善关系，就要去努力发现对方言行中好的出发点。

无论是在何种人际关系中，如果一直怀疑对方会伤害自己，猜测对方到底是敌是友，即使表面关系很好，也很难从对方的言行中找到好的出发点。相反，如果把对方看作乐于助人的人，而自己也想要帮助别人的话，就很容易发现对方好的出发点。

抱有这样想法的人，被阿德勒称为“同伴”（Mitmenschen）。这个词的意思是“与自己有关的人”。而前文提到的“敌人”（Gegenmenschen）则指的是“对立的人”。

只要你相信对方行为的出发点是好的，就能找到很多证据来佐证。如此一来，你就能看到这些好的出发点，并进而改善与对方的关系。

然而，在长期的交往过程中，甚至在结婚多年后，有的人却变得无法接受对方的言行，甚至开始把对方视作“敌人”。

因为是同伴，才会关心对方，想为之奉献、与之合作，所以一定把对方看作“同伴”，而不是“敌人”。即使觉得双方关系欠佳，也应该有意识地去寻找对方好的出发点。一旦找到了，双方的关系就会迎来转机。

携手走向幸福

一段好的关系不仅需要对另一半的尊重和信任，还需要合作。

阿德勒这样定义爱情和婚姻：“爱情和婚姻是人类合作的精华，它不仅是两个人为了各自的幸福而合作，也是为了人类的幸福而合作。”[①]

阿德勒在此处使用的“合作”一词值得我们深思。

这种合作需要有意识地训练。虽说是合作，但也分能做和不能做的事。

以亲子关系为例，在孩子的知识和经验尚不充足的时候，父母会竭尽全力地照顾孩子。但当孩子长大、自立了，有的父母仍要越俎代庖，去插手孩子自己能做的或必须做的事情。

① 《超越自卑》。

相爱的两个人之间，也会发生类似的事情。插手别人力所能及之事并不是帮助，而是介入。人们之所以这么做，与其说是为了帮助对方，不如说是想让对方按自己的意愿行事，并显得自己高对方一等。介入对方问题的人，并不相信对方有解决问题的能力。

结婚时，有的男性会对女性说“守护你”“让你幸福”之类的话。但只有两个人齐心协力，才能共同走向幸福。认为双方平等的恋人，不会产生“哪一方让另一方幸福”或者“对方能让我幸福”的想法。

能否达成合作的关键

阿德勒曾介绍过德国某地区的一个习俗[①]：

为了检验订婚的两个人是否做好了结婚的准备，在结婚前，恋人们会被带到一片空地上，那里放着一棵被砍倒的树。他们会被要求用一把双人锯把眼前的树锯为两截。而从两个人锯木头的方式，就能看出他们之间的合作默契度。如果两个人互不信任，就会白

① 《阿德勒心理学讲义》。

费很多力气，并且很难完成任务。如果一个人想把事情独揽下来，就会花费两倍的时间。为了顺利完成任务，两个人必须一起行动、相互配合。由此就能看出两个人是否适合结婚。

但锯木头的考验是在恋人的婚礼当天进行的，如果两个人无法顺利合作，又能怎么办呢？人际关系的纠纷，大多源于插手别人的事，或者别人对自己的事情指手画脚。但人也并不是什么事情都能只靠自己，自己做不到的事情就应该寻求别人的帮助，同时自己也竭尽全力。

沉默无法让人知道你需要帮助，所以请认真地说出自己的需求。想帮助别人时，只需要问一句“有什么我可以帮忙的吗”就可以了。如果能做到这些，人际关系是不会变糟的。

恋爱和婚姻生活中遇到的问题，总是非常棘手。特别是结婚之后，夫妻两人不仅要处理和对方的关系，还要和对方的父母、亲戚来往。孩子出生后，育儿也是个大难题。如果那时两个人能共同面对、合作解决问题，双方的关系就称得上一段良好的关系。

统一目标

另外，一段好的关系还需要一个共同的目标。一直以来能合作解决问题的两个人，如果今后的人生目标不一致，就无法维持良好的关系，也无法解决即将面临的问题。

这个目标不一定只关乎未来。此时此地的生活是一种目标，对未来的规划也是一种目标。很多年轻人站在人生的十字路口，不得不决定今后要怎么做。比如，两个人必须决定好毕业后要去哪里工作，要住在哪里，等等。

想和他一起走下去，可为此就不得不放弃梦想。放弃我的野心真的好吗？或者说真的能说放就放吗？有没有一种生活方式，是无论爱得多深都无法实现？除了现在的另一半，还有其他适合自己的人生伴侣吗？……迷茫之处实在不胜枚举。

面临人生的重大决定时，“接下来到底要怎么样”的疑问会给两个人的关系带来不安的阴霾。但如果两个人的目标一致，就只需要一起考虑如何向那个目标前进就可以了。有的人希望结婚对象的收入高，又很重视家庭。这两点其实很难兼得。年收入高的人很难早回家，重视家庭生活的人又很难在公司得到晋升。孰好孰坏，无法评判。结婚的两个人，只需要根据自己的实际情况，决定今后的人生目标就行了。

即使有了共同的目标，也并不一定会实现。两个人可以根据具体情况，共同确认目标，必要时对目标进行修正。

性爱与沟通

阿德勒在提出“爱情和婚姻是人类合作的精华”以前，说了这样一句话：

“爱情，以及合作成就的婚姻，都是对异性伴侣最亲密的奉献，它表现在心心相印、肉体的相互吸引以及生儿育女的决心。”[①]

为了完成爱情与婚姻中的合作，就需要在很多方面对伴侣做出奉献。阿德勒提到的奉献，就包括“肉体的相互吸引”。

正如第一章中提到的那样，恋爱关系和其他人际关

① 《超越自卑》。

系基本一样。如果一个人和朋友的关系不好，那么他在人际关系上肯定有需要改善的地方。在公司受人尊敬的上司，在家庭中应该也不会被孩子们疏远。其他人际关系方面存在问题的人，在恋爱关系中恐怕也不会很顺利。

然而，与其他的人际关系不同的是，恋爱关系在距离和持续性，以及肉体的相互吸引这两点上有所不同。

阿德勒认为，爱情中肉体的相互吸引，是其区别于其他人际关系的不同之处。同时，他非常重视生殖，并将其视为“延续人类生命的唯一方法”。[1]但如今，男女之间的性爱并不只是为了生育孩子。那么，性爱是为了什么呢？简单说来，是为了沟通。

并且，在这种亲密的交流中，两人的关系会变得比其他任何场合都更清晰。孤独的人即使做爱，也难以逃脱孤独。如果两个人的关系本来就不好，那么性爱并不能深化他们的关系，性爱中的双方关系也不会变好。

如果平时两个人没有起建立良好的关系，那么他们在性爱中也得不到满足。也就是说，性爱并不是狭义的性行为，比如说，一方在下班回家时说“我回来了”，另

① 《超越自卑》。

一方则会回答“欢迎回家”，从这样的对话中，双方的交流开始了。亲密的交流并不是在为之后的行为做铺垫，而是本身就是一种性爱。

如果这样想的话，可以说为了逃避孤独而寻求性爱的人，并没有把性爱作为沟通的一种方式。

这样的人，不会懂得交流中需要合作、尊敬、信任等，只会为了满足自己而利用对方。这样的关系必然不会长久。

太宰治曾写过一篇名为《满愿》的短篇小说——

主人公“我”每天都会去附近医院散步，并在散步途中看报纸。不知不觉中，“我”就记住了来医院看病的病人们的长相。其中，有一个年轻的女人每天早上都会为了生病的丈夫来拿药。那个女人给人一种清新洁净的感觉。有时候她和医生笑着离开诊疗室时，医生还会告诫她“再忍耐一阵子吧”。她的丈夫三年前得了结核病，在她的全力照顾下才有所好转，可医生却总是狠下心肠地对她说：“要明白我的言外之意啊。”

春去夏至。有一天，“我”正在读报纸，抬头一看，只见不远处的羊肠小道上，那个女人朴实又整洁的美丽身姿，就像翩翩飞舞的蝴蝶一般远去。一把白色的阳伞还在她的肩上转啊转啊。“我”正疑惑她怎么这么高兴呢，医生太太便向“我”低声说道：“今儿早上，终于解禁了。”

这就是“满愿”。相信丈夫也和她一样，盼这一天盼了好久。读完这篇太宰治的短篇小说，我不禁感叹这对夫妻的关系真的太美好了。对于已经建立起良好关系的两个人来说，性爱并不是必需的。性爱只是交流方法的一种，两个人不依靠性爱也能维持良好的关系。现在，有了医生的“许可”，两个人之间的关系也变得更好了。

如果你感觉不到性吸引

曾有一位大学生说：“学了阿德勒心理学，跟任何人都能结婚吧。”如果下定决心要和某个人建立起良好的关系，并为此进行学习，确实能够做到，并愿意和对方结婚。虽说如此，还是有很多人认为，并不是和任何人都能结婚的。

婚姻关系和其他人际关系的不同之处，就在于是否会受到对方肉体上的吸引。阿德勒指出，受到对方的肉体吸引是对其产生兴趣的前提。反过来说，一旦肉体吸引消失了，双方之间的兴趣也就不复存在。阿德勒曾这样说道："有的人也许认为兴趣还在，但肉体吸引却消失了。但这绝非事实。有时候嘴巴说谎，脑子想不明白，但是身体的机能却不会说谎。如果出现了机能上的缺陷，一定是因为双方没有达到真正的协调，失去了对彼此的兴趣。"①

关于性无能及性冷淡，有几点需要进行说明。阿德勒认为，情绪会带来各种各样的身体反应，包括身体颤抖、发红发青、心跳加速等。由此可知，心灵和肉体是一体的。心脏、胃以及排泄器官、生殖器官等都有其各自擅长的语言，当人朝着某个方向前进或想要退却时，器官都会为其提供支持。阿德勒把这称为"器官语言"。

性无能及性冷淡正是生殖器官所使用的语言。有这些症状的人，会因此拒绝性爱。有的人会说，因为无法从对方身上感受到性吸引力，所以不再喜欢对方了。实际上，这只是对对方失去兴趣的借口，为了让这样的想法正当化，他们才把感受不到性吸引力当作借口。

两个人之间的性生活进展不顺利，是因为他们失去了对对方的兴趣，两个人的关系也不再是友好、协作的

① 《超越自卑》。

对等关系了。如果两个人关系平等，就可以避免这样的问题。正如前文所述的，性爱是一种“沟通”，如果日常生活不顺利，性生活也不可能顺利。

这么说也许有些极端，但如果把性爱看作沟通的话，语言上的沟通其实更为重要，身体接触只不过是一种增进双方亲密度的辅助手段。

如果生了病或上了年纪，便不再能进行狭义的性爱行为。但即使到了那个时候，与对方联结的心情也并不会消失，双方仍然可以亲密无间。这就证明了两个人联结在一起，并不只是因为身体上的接触。从另一个层面上说，这也能视为一种身体上的相互吸引吧。

分手的时候

在写有关恋爱的文章时，我一直在犹豫关于分手该写些什么。

很少有人一生中只谈一段恋爱，所以应该想一想如何用分手的经验去面对下次恋爱。如果忽略了这一点，下次可能又会经历同样的失败。分手本身会给人很大的打击，如果分手的方式不对，可能会导致不想再谈恋爱。

英语中有一个单词“taper”，指的是细长的蜡烛，作为动词使用时，则有“(使)逐渐变细”和“逐渐变窄”的意思。服用药物时，有些药是不能立即停药的。因为一旦停药，就可能会出现强烈的副作用。这种情况下，就必须以 taper 的方式继续服用药物。通过每次减少一点用量或者减少服药次数等方式，逐渐减少用量，最终停药。

失恋或分手的情况也是类似的，只有通过 taper 的方式才能重新振作起来。

有些夫妻想分手时，会来找我做离婚咨询。我通常会劝说他们尝试修复关系。阿德勒曾说过：“一个受过个人心理学训练的咨询师不会说出‘应该离婚’这句话。”[①]

如果你还没有下定决心要分手，可以试试一段时间不和对方见面。也许大吵一架后狠心不再见面，但发发短信、打打电话，就又想见面了。然而见了面之后，又会因为同样的事情而争吵。不如试试一段时间内不见面，反而可能会出乎意料地冷静下来。

如果经过两个月，完全没有联络，还是想见对方，

① 《阿德勒心理学讲义》。

想和对方说话，就可以努力重建关系。我曾对来咨询育儿问题的父母说："你们不是'坏父母'，而是'糟糕的父母'。"糟糕的父母只是不知道如何去构建亲子关系，那么学习相关的方法就好了。

亲密关系也是一样。只要努力学习和实践本书中提到的构筑关系的方法，就一定能让关系好转。即使最后分手了，分手前重建关系的努力也是有价值的。

分手时最重要的是不要感情用事。就像喜欢一个人无须理由一样，讨厌一个人也是没有原因的。这也不是因为对方变了，而是不知什么时候开始，以前所欣赏的他的性格变得令人难以忍受起来。

为什么事情会变成这样呢？这是因为内心已经下定决心要和这个人分手。为了下定决心，会讨厌对方、憎恶对方或和对方吵架。但其实我们并不需要这么做。想分手时就干脆地分手。如果被对方说的话惹恼了，也不要用力地摔门，只需要说："你现在说的话让我很生气。"

明明再过一段时间，疮痂就要剥落了。如果非要在这时候把疮痂撕破的话，不仅会导致流血，还会让伤口越来越深，所以不必特意将其撕破。

接下来，我们再来看看离婚的问题。

有一次，我看见一对男女正在亲密地交谈。问了熟悉他们的朋友才知道，这两个人最近刚刚离婚。无法作为夫妻共同生活，却可以作为朋友继续交往。在做出分手的决定前，两个人一定谈了很多次，而不是轻率地做了决定吧。有时即使做了努力，也无法继续在同一个屋檐下生活。所以说，应该索性把目光投向远方，不让愤怒和憎恨的感情蒙蔽了自我。很多人认为，为了下决心分手，这些情绪是必需的，但和平分手并非不可能。

离婚时，需要特别考虑孩子的问题。虽然离婚是夫妻的问题，即使孩子不希望父母离婚，父母也无须优先考虑孩子的想法，但父母离婚可能会改变孩子的居住地或姓氏等，所以应该事先和孩子商量。对孩子来说，父母即使离婚了，也仍然是他们的父母，因此不应该给孩子灌输“你爸爸是个坏人”之类的想法。

离婚后的单亲家庭生活中，有一些需要注意的问题。父母的想法不一定总是一致的，重要的是如何去协作调整思路。这时，孩子通过观察父母调整思路的过程，能够学到通过沟通解决问题的方法。但父母离婚后，孩子就再也看不到这样的场面了，所以在做决定的时候，必须努力和孩子们进行对话。

我们为什么要爱别人

有了喜欢的人，或者和喜欢的人一起生活，如果仅仅在口头上强调喜欢、爱着那个人，关系很快就会陷入僵局。因此，我们在上文中具体思考了，关系应该从哪里开始、如何开始、如何做，以及想法不一致时该怎么办等问题。

也许有的人会想，只谈这种技术层面的问题就好了。但如果不清楚爱一个人到底是怎么回事，技术只会堕落成操纵人心的危险技巧。我在第三章的开头写道，爱情里不存在“为什么”。但如果非要给爱一个人找个理由，那应该是“人终有一死”吧。

森有正曾说过：“如果说死是绝对的孤独，那么从生开始的孤独就是死亡的预兆。”[①]

那么反过来想，如果活着的时候不感到孤独，那么死亡也有可能不再孤独。所以，为了克服孤独和死亡，人们才会选择去爱。

但这种孤独不是相对的，而是绝对的。所以即使和

---

① 《在河畔》。

谁在一起，或者与其建立了表面上的良好关系，也无法逃脱这种绝对的孤独。

如果与爱人的关系不顺利，经历了吵架、分手等，仍坚信人与人之间本就是紧密相连的话，那么死亡这种绝对的孤独感也可能消失。

通过爱的经历，我们能学到什么呢?

那就是，人不能一个人活着，而只能在与他人的羁绊中活下去。明白了这一点，相爱的两个人就开始了“我们”而非“我”的人生。一旦开始了这样的人生，即使失去了对方，即使死亡把两个人分离，我们仍然能感受到与对方的羁绊，从而变得不再孤独。

所以，如果现在你有爱着的人，就不要为将来的事感到不安，每天为了构筑更好的关系而努力吧。因为，这样的努力必将带来生的喜悦。

结语

有一天，我女儿为了生产回到娘家，她说：“结了婚就只剩下好事。”

通常来说，在“结婚”这个词语的后面，人们接的都是“没什么好事”这样包含贬义的语句，但我从女儿那句颠覆了普通说法的“只有好事”当中，体会到了她对婚姻的喜悦之情。

无论是结了婚的人，还是打算今后结婚的人，都很难说出这样的话。

如果一个人年纪轻轻就迈入婚姻，周围的人通常会问他：“今后也许还会遇到更好的人，为什么要在现在结婚？”

事实上，这是人们自己无法做到、却眼见他人陷入恋爱或婚姻中而产生的惊讶或羡慕之情吧。

恋爱和结婚与工作和交友不同，它的关系更为亲密，因此，一旦产生裂痕就难以修复。人们有时会因为一些琐碎的小事而吵架，甚至与恋人待在一起都感到痛苦。

在这种意义上，对方就成了你的“敌人”。如果把对方当成敌人，就不会为了增进关系而努力，这段关系就会越来越差。

因此，在恋爱、婚姻等爱的课题面前，出现犹豫不决的人，以及阿德勒口中的“原地踏步”的人，这些都不奇怪。他们想要“停下时间”，虽然，时间是不会停止的。

相反，认为对方是“紧密联系着的人”，将对方当作自己的“伙伴”，也不能说明你和他就产生了密不可分的联系。就算发生了邂逅，也并不意味着恋爱过程会进行得顺利。仅仅确认彼此的心意是不够的，人们需要努力让日后不断变化的二人之间的关系变得更加紧密。这份努力，正如前文所述，是为改善双方的关系而做的努力，可以被称作“为喜悦而努力”。

本书具体地阐述了如何增进两个人的关系，但始终没有谈到操作技巧层面的话题。理由之一，正如前文所说的那样，这些技巧很可能成为操纵人心的危险工具。本书不涉及“被爱的艺术”，而是将“爱的艺术”作为课题，也是这个原因。

想要被爱的人，会为了迎合对方去改变自己，以此获得来自对方的爱。他们甚至不仅仅要改变自己，也试图去改变对方。但他人是无法被改变的，因此，只有从改变自己出发。

另一个理由是，即使像在解答应用题时那样去背诵出各种情况下的解决办法，可由于每个人的差异性，即使使用相同的技巧，对方的反应也会不尽相同。如果发生了什么意料之外的状况，这段关系立马就会陷入僵局。

为了避免这种情况，就必须和学数学一样，学习那些和公式相对的原则和原理。

因此，如果不去考察爱一个人是怎么回事，是无法写出关于恋爱的书籍的。倘若你不擅长理论性的文章，可以从第四章开始阅读，但也请你务必读一读第三章中的“爱一个人究竟是怎么回事”的部分。希望读完这本“幸福的爱情故事”，你能对“结了婚就只剩下好事”这句话产生真正的共鸣。

2017 年 12 月

岸见一郎

版权登记号：01-2018-8836

图书在版编目（CIP）数据

恋爱中的小哲学 /（日）岸见一郎著；邓超译 . -- 北京：现代出版社，2020.6

ISBN 978-7-5143-8304-1

Ⅰ. ①恋… Ⅱ. ①岸… ②邓… Ⅲ. ①人生哲学－通俗读物 Ⅳ. ① B821-49

中国版本图书馆 CIP 数据核字（2019）第 285827 号

恋爱中的小哲学

著　　者　[日] 岸见一郎
译　　者　邓　超
责任编辑　赵海燕　毕椿岚
出版发行　现代出版社
通信地址　北京市安定门外安华里 504 号
邮政编码　100011
电　　话　010-64267325　64245264（传真）
网　　址　www.1980xd.com
电子邮箱　xiandai@vip.sina.com
印　　刷　三河市南阳印刷有限公司
开　　本　787mm × 1092mm　1/32
印　　张　6.5
字　　数　100 千字
版　　次　2020 年 6 月第 1 版　2020 年 6 月第 1 次印刷
书　　号　ISBN 978-7-5143-8304-1
定　　价　38.00 元